U0333769

花卉栽培养护新技术推广丛书

秋 菊

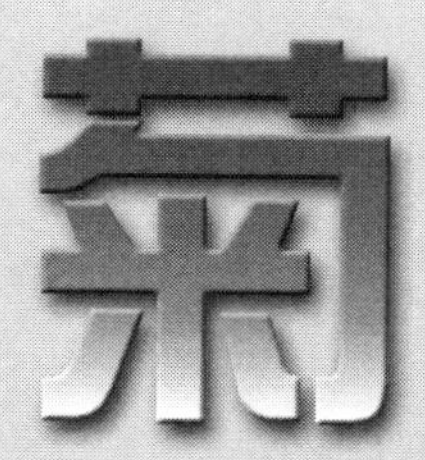

Qiuju 养花专家解惑答疑

王凤祥 主编

中国林业出版社

《秋菊·养花专家解惑答疑》分册

| 编写人员 | 王凤祥

| 图片摄影 | 佟金成　佟金龙

| 参加工作 | 刘书华　蓝　民　彭　宏　佟金成

图书在版编目（CIP）数据

秋菊养花专家解惑答疑/王凤祥主编. —北京：中国林业出版社，2012.7

(花卉栽培养护新技术推广丛书)

ISBN 978-7-5038-6636-4

Ⅰ.①秋…　Ⅱ.①王…　Ⅲ.①菊花－观赏园艺－问题解答　Ⅳ.①S682.1-44

中国版本图书馆CIP数据核字（2012）第117248号

策划编辑：李　惟　陈英君

责任编辑：陈英君

出　　版：中国林业出版社（100009　北京西城区德内大街刘海胡同7号）

网　　址：www.cfph.com.cn

E-mail：cfphz@public.bta.net.cn

电　　话：（010）83224477

发　　行：新华书店北京发行所

制　　版：北京美光制版有限公司

印　　刷：北京百善印刷厂

版　　次：2012年7月第1版

印　　次：2012年7月第1次

开　　本：889mm × 1194mm　　1/32

印　　张：4.75

插　　页：6

字　　数：146千字

印　　数：1～5000册

定　　价：26.00元

前言

花是美好的象征，绿是人类健康的源泉，养花种树深受广大人民群众的欢迎。当前国家安定昌盛，国富民强，百业俱兴，花卉事业蒸蒸日上，人民经济收入、生活水平不断提高。城市绿化、美化人均面积日益增加。大型综合花卉展、专类花卉展全年不断。不但旅游景区、公园绿地、街道、住宅小区布置鲜花绿树，家庭小院、阳台、居室、屋顶也种满了花草。鲜花已经成为日常生活不可缺少的一部分。在农村不但出现了大型花卉生产基地，出口创汇，还出现了公司加农户的新型产业结构，自产自销、自负盈亏花卉生产专业户更是星罗棋布，打破了以往单一生产经济作物的局面，不但纳入大量剩余劳动力，还拓宽了致富的道路，给城市日益完善的大型花卉市场、花卉批发市场源源不断提供货源。另外，随着各地旅游景点的不断开发，新的公园、绿地迅猛增加，园林绿化美化现场技工熟练程度有所不足，也是当前的一大难题。

为排解在菊花生产、栽培养护中常遇到的问题，由王凤祥编写《秋菊》分册，以问答形式给大家一些帮助。刘书华、蓝民、彭宏、佟金成协助整理，由佟金成、佟金龙及一些佚名者提供照片，在此一并感谢。本书概括菊花形态、习性、繁殖、栽培、应用、病虫害预防等多方面知识，语言通俗易懂，适合广大花卉生产者、花卉栽培专业学生、业余花卉栽培爱好者阅读，为专业技术人员提供参考。作者技术水平有限，难免有不足或错误之处，欢迎广大读者指正。

作者

2012 年 3 月

问题

一 形态篇

1. 菊花拉丁学名怎么写，属于哪个科哪个属？ …… 1
2. 怎样从形态上认识菊花？ …… 1
3. 怎样识别野菊花？ …… 2
4. 怎样识别小野菊？ …… 3
5. 毛华菊的形态怎样识别？ …… 3
6. 太平洋亚菊的形态怎样识别？ …… 3
7. 怎样识别小花亚菊？ …… 4
8. 怎样识别小红菊？ …… 4
9. 怎样识别白蒿？ …… 4
10. 怎样区分嫁接菊花的青蒿？ …… 5
11. 怎样识别茵陈蒿？ …… 5
12. 什么叫原生形态？什么叫栽培形态？ … 6

二 分类篇

1. 菊花怎样按花型特征分类？ …… 7
2. 菊花怎样按花盘大小分类？ …… 10
3. 菊花按自然花期怎样分类？ …… 11
4. 菊花怎样按株高分类？ …… 11
5. 菊花怎样按花瓣抱合方式分类？ …… 12
6. 菊花怎样按花色分类？ …… 12
7. 菊花怎样按叶型分类？ …… 13
8. 菊花怎样按经济用途分类？ …… 14
9. 菊花怎样按栽培方式、修剪盘扎方法分类？ …… 15
10.菊花品种现场怎样编号？ …… 17

三 习性篇

1. 菊花对温度有哪些要求？ …… 18

2. 菊花对光照有哪些要求？ ……………… 20

3. 菊花对水分有哪些要求？ ……………… 21

4. 土壤含水量与菊花生长发育有什么关系？ …………………………………………… 22

5. 种植菊花浇水的方法有哪些？ ……… 23

6. 给菊花浇水，在不同季节、时间、温度下有什么要求？ ……………………………… 24

7. 水质对菊花的生长发育有影响吗？ …… 24

8. 菊花对通风有哪些要求？ ……………… 25

9. 用哪种土壤种菊花最好？ ……………… 26

10. 用容器栽培菊花，用什么基质最好？ …………………………………………………… 27

11. 盆栽菊花的土壤怎样消毒灭菌？ … 28

12. 栽培菊花应施用哪些肥料？ ………… 31

13. 同时给菊花施用几种肥料时，要注意哪些问题？ ………………………………… 33

四 繁殖篇

1. 繁殖菊花有哪些方法？ ………………… 35

2. 菊花播种用土壤或基质有哪几种？ …… …………………………………………………… 35

3. 怎样在温室内平畦播种菊花？ ……… 37

4. 怎样在容器中播种菊花？ ……………… 38

5. 怎样移栽菊花自播苗？ ……………… 39

6. 家庭环境如何播种菊花？ ……………… 39

7. 秋季选购的小菊在阳台上结了十几颗种子，怎样在春季播种？ ……………………… 40

8. 菊花扦插繁殖生根成活的过程、原理是什么？需要哪些条件？ ……………………… 40

9. 什么叫常规枝插？怎样扦插菊花？ … 42

10. 怎样在容器中扦插繁殖菊花？ ……… 43

11. 家庭小院条件怎样常规扦插菊花？ … 45

12. 在阳台上怎样常规枝插菊花？ ……… 46

13. 什么叫踵状扦插？怎样修剪插穗？ …. 46

14. 什么叫嫩枝扦插？ …………………… 46

15. 什么叫黄枝扦插？怎样修剪插穗？ … 47

16. 什么叫单芽扦插？怎样修剪插穗？ … 47

17. 什么叫大枝扦插？ …………………… 47

18. 什么叫有分枝扦插？ ………………… 48

19. 什么叫假年龄扦插？ ………………… 48

20. 什么叫全光照喷雾扦插？怎样实施？ …………………………………………………… 49

21. 怎样简易应用全光照喷雾扦插？ 50

22. 什么叫箱笼空气扦插繁殖？怎样实施？ 51

23. 什么叫纸筒扦插？怎么扦插？ 51

24. 什么叫水插？怎样扦插？ 52

25. 什么叫现蕾扦插？怎样扦插？ 53

26. 什么叫脚芽扦插？在容器中怎样扦插？ 53

27. 怎样在温室内平畦扦插繁殖菊花幼苗？ 56

28. 怎样在阳畦中用脚芽扦插繁殖菊花小苗？ 57

29. 怎样利用小弓子棚进行菊花脚芽扦插？ 58

30. 平房小院如何利用菊花脚芽扦插繁殖？ 58

31. 怎样在敞开阳台上用容器扦插菊花脚芽？ 60

32. 怎样在封闭阳台上利用脚芽扦插菊花？ 61

33. 怎样邮寄菊花脚芽？ 61

34. 花友由南方用信封寄来几个菊花脚芽，收到后已经严重萎蔫，应怎么挽救 62

35. 什么叫埋条繁殖？怎么埋条？ 62

36. 怎样横埋压条？ 63

37. 怎样常规压条繁殖菊花小苗？ 63

38. 盆栽丛生菊花怎样畦地压条？ 64

39. 菊花怎样高枝压条？ 64

40. 菊花嫁接繁殖有什么优缺点？ 65

41. 怎样选择嫁接菊花的砧木？ 65

42. 怎样繁殖砧木？ 66

43. 怎样栽培嫁接菊花用的砧木？ 66

44. 作为接穗的菊花母本怎么栽植？ 67

47. 怎样嫁接菊花？ 67

五 育种篇

1. 怎样利用现有菊花品种群选出有结实能力的亲本？ 70

2. 选定有结实能力的品种后，怎样才能获得优良子代？ 71

3. 什么叫自然杂交授粉？怎样才能良好结实？ 71

4. 菊花育种的亲本如何栽培？ 72

5. 什么叫人工辅助授粉？怎样授粉？ 73

6. 什么叫箱笼授粉？怎样实施？ 73

7. 想培育不同花色的舌状花，应怎样选择菊花亲本？ 74

8. 想改变子代舌状花花形，应怎样选择杂交亲本？ 74

9. 大朵菊花和小朵菊花作为亲本时，其子代有哪些变化？ 75

10. 如果父母亲本均为托桂型，其子代花型会有什么变化？ 75

11. 单瓣菊花品种互为亲本时，花型有什么变化？ 75

12. 用单瓣花品种作母本，重瓣种作父本杂交，其子代会出现重瓣花吗？ 75

13. 大型菊花品种间授粉，其子代有什么变化？ 75

14. 重瓣花与重瓣花品种间组合授粉，其子代有什么变化？ 75

15. 同一品种间相互杂交，其子代会出现什么现象？ 76

16. 易出现盲花的品种与易上蕾开花的品种作组合，其子代开花时有什么变化？ 76

17. 一些花序总柄较软的品种，但开花较好，能做亲本吗？它们的子代会有什么变化？ 76

18. 利用封头率较高的品种间杂交，其子代封头率是否还是很高？ 76

19. 选用总柄较短的双亲杂交授粉，其子代在总柄上会有变化吗？ 77

20. 高茎品种间组合杂交，其子代会有什么变化？ 77

21. 父母本一方为高株型，子代在高矮上有什么变化？ 77

22. 想培育卷散花形的菊花，怎么选择亲本？ 77

23. 菊花叶片形态有遗传吗？向哪个亲本遗传？ 77

24. 将舌状花剪除后作箱笼授粉，会不会产生自交系种子？ 78

25. 嫁接植株开花后，能否用作亲本杂交育种？ 78

26. 用一株白蒿嫁接了4个品种，有球型、卷散型各2枝，花期基本一致。能否将舌状花修短后，置于箱笼中杂交授粉？ 78

27. 用现代秋菊中的大菊与秋小菊相互杂交，其子代花轮直径上有什么变化？ 78

28. 怎样选用短日照开花的早菊、勤花菊、早小菊进行杂交育种？它们的子代能否提前开花？ 79

29. 秋小菊杂交育种需要短日照处理吗？也需要剪除部分花瓣吗？ 79

30. 太平洋亚菊与小菊组合杂交后，其子代会有哪些变化？ 79
31. 野甘菊与小菊组合杂交其子代会产生什么变化？ 80
32. 栽培的紫色多头菊，发现一个枝上开出白色花朵，怎么能使这个突变枝保存下来？ 80
33. 用种子繁殖菊花，播种后出现3片子叶苗，还有晚出苗、弱苗等，是否应在苗期淘汰？ 80
34. 勤花菊与秋小菊组合，其子代会产生哪些变化？ 80
35. 勤花菊与太平洋亚菊互为亲本组合，其子代有什么变化？ 81
36. 匍匐型小菊是怎样出现的？ 81

六 栽培篇

1. 怎样沤制有肥腐叶土？ 82
2. 怎样沤制无肥腐叶土？ 83
3. 怎样在沤肥场堆沤厩肥？ 83
4. 在贮肥场怎样堆沤河泥、塘泥等肥土？ 83
5. 栽培标本菊通常要求翻头苗，什么叫翻头？ 83
6. 畦地栽培独本菊怎样翻头？ 84
7. 畦地翻头苗怎样掘苗上盆？ 85
8. 盆栽独本菊怎样养护？ 86
9. 独本菊怎样在容器栽培中翻头？ 88
10. 春季扦插苗能做独本菊栽培吗？ 91
11. 怎么栽培两本菊？ 91
12. 怎样栽培多头菊？ 91
13. 怎样栽培三叉九顶菊？ 92
14. 怎样栽培案头菊？ 93
15. 怎样平畦栽培商品菊？ 96
16. 怎样用容器栽培商品菊？ 98
17. 怎样栽培接本菊？ 100
18. 怎样栽培大立菊？ 100
19. 怎样栽培塔菊？ 103
20. 什么叫造景菊？怎样实施？ 103
21. 小菊满天星如何栽培？ 104
22. 怎样栽培悬崖菊？ 105
23. 怎样栽培嫁接悬崖菊？ 106
24. 怎样栽培松菊？ 106
25. 怎样栽培盘菊？ 107

26. 怎样栽培微型盆栽小菊？ 107

27. 怎样栽培小菊盆景？ 107

28. 栽培中菊花叶片变黄是什么原因？ 110

29. 菊花在展览厅中怎样养护？ 111

30. 将选购的菊花运回家后，如何养护才能延长观赏时间？ 111

31. 菊花叶片出现皱褶是什么原因？ .. 112

32. 菊花叶片浓绿较厚，但硬脆易折损是什么原因？ 112

33. 在展厅中看到同一个白色品种中如‘高原之云’、‘温玉’有的带有偏红色、有的偏青色是什么原因？ 112

34. 怎样防止出现柳叶头？ 112

35. 怎样防止封头现象发生？ 113

36. 栽培的案头菊，8月下旬茎干越来越粗，出现花蕾后又有些变细，是供肥不足造成的吗？ 113

37. 辨认菊花品种，什么部位的叶较标准？ 113

38. 什么叫凤头？与栽培有什么联系？ 113

39 . 怎样防止翠花现象？ 114

40. 家里购买的菊花，冬季花朵败了以后怎样养护，明年秋季还能开花？ 114

41. 在阳台上怎样养菊花？ 114

七 病虫害防治篇

1. 怎样防治菊花褐斑病？ 116

2. 发现菊花立枯病怎样防治？ 117

3. 发现菊花黑斑病如何防治？ 117

4. 发现菊花白粉病如何防治？ 118

5. 发现菊花锈病怎样防治？ 118

6. 有菊花白绢病发生怎样防治？ 119

7. 发现菊花叶斑病如何防治？ 119

8. 发现有菌核性腐烂病如何防治？ .. 119

9. 发现叶枯线虫病怎样防治？ 120

10. 发现小卷叶虫危害怎样防治？ 121

11. 有蚜虫危害如何防治？ 121

12. 有红蜘蛛危害如何防治？ 121

13. 有白粉虱危害如何防治？ 122

14. 有银纹夜蛾幼虫危害如何防治？ ... 122

15. 有菊虎危害怎样防治？ 123

16. 有盲蝽危害如何防治？ 123
17. 有小地老虎危害怎样防治？ 123
18. 有蛴螬危害如何防治？ 124
19. 有蚯蚓危害如何防治？ 125
20. 有蓟马危害如何防治？ 125
21. 有棕黄毛虫危害如何防治？ 125
22. 有钻蕾虫危害如何防治？ 126
23. 发现烟青虫钻蛀花蕾及啃食叶片如何防治？ 126
24. 发现钻心虫危害如何防治？ 126
25. 发现大造桥虫危害菊花如何防治？ 127
26. 发现棕毛虫危害如何防治？ 127
27. 发现有浮尘子危害如何防治？ 128
28. 有短额负蝗危害如何防治？ 128
29. 有潜叶蛾危害叶片怎样防治？ 128
30. 有麻雀危害如何防治？ 129

八 应用及杂谈篇

1. 如何组办菊花展览？ 130
2. 如何举办民间赏菊会？ 131
3. 在大厅中如何陈设菊花？ 131
4. 菊花在绿地中怎样布置？ 131
5. 怎样用菊花装饰会议室？ 132
6. 如何在家庭环境陈设菊花？ 132
7. 能否简单介绍一下菊花在我国的栽培、应用历史？ 132
8. 如何给菊花品种命名？ 135

一、形 态 篇

1. 菊花拉丁学名怎么写，属于哪个科哪个属？

答：在第一届全国菊花品种分类学术讨论会上大家一致认为，在学术刊物上发表论文应按国际规定，用*Dendranthema morifolium*（Ramat.）Tzvel.，这与《中国高等植物图鉴》相符，但在园艺上，一般文章中还可以用*Chrysanthemum morifolium* Ramat.。另外《北京植物志》尚有*Chrysanthemum sinense* Sabine及*Dendranthema sinense*（Sabine）Des Moul等别名。属菊科菊属，或别名中的茼蒿属（*Chrysanthemum*）。

2. 怎样从形态上认识菊花？

答：菊花各部位的形态分述如下。

(1) 根的形态：播种苗幼时有主根，随生长后变得不明显。嫁接苗的主根是砧木的，通常不会消失，但也应看砧木的繁殖方法，播种苗、野外挖取的苗有主根，扦插苗无主根。菊花的扦插苗、压条苗均无主根。根有多数分支及再分支根，圆线形，淡黄色至白色，根冠白色。在潮湿环境下，茎基部生有气生根，在任何部位均可发生，气生根遇土会变为正常根。

(2) 茎的形态：直立或半蔓生，高50～450厘米，茎圆形有筋或无筋，紫红色或绿色，基部木质化干黄色，没有明显节痕，但有叶痕。因品种不同，自基部发生分枝或上部有分枝。地下有横生细圆柱状走茎，因品种不同有长有短，走茎先端为分蘖小苗，又称越冬芽。

(3) 叶的形态：单叶互生，叶片圆形、卵圆形、长圆形至披针形，边缘有粗大锯齿或深裂，基部楔形。有叶柄，叶柄基部有托叶或无托叶。因品种不同，长短、宽窄变化很大。

(4) 花的形态：菊花的花是千千万万个小花组成的头状花序，呈伞房或复伞状着生于枝先端。花序外围为舌状花，花型大而多富变化，雌雄蕊常呈退化不育性；花盘中心或杂生于舌状花之间的筒状花是两性花，柱头两列，花药黄色。花色众多，除无蓝色外，其它花色几乎都有。花轮直径2.5～50厘米。花期以秋季为盛，若人为短日照控制及勤花类全年有花。

(5) 果实形态：瘦果卵圆形、椭圆形，黄色至黄褐色，冠毛早落。

3. 怎样识别野菊花？

答：甘野菊花（*Dendranthema lavandulifolium*又称*Dendranthema boreale*）又有甘菊、北甘菊、小黄菊、珠菊、山野菊、迷你菊、苦荼菊、苦薏之称。多年生，株高30～150厘米。具地下横生走茎。茎直立，因冠径较大常呈匍匐状，基部木质化，自中部以上多分枝，或丛生多分枝，有稀疏柔毛。基生叶及茎下部叶随生长而枯萎脱落，茎中部叶轮廓为卵形、宽卵形或椭圆状卵形，长3～8厘米，宽2.5～5厘米，二回羽状分裂或一回全裂，侧裂片2～3对，二回半裂或浅裂，裂片菱状卵形或卵形，全缘或缺刻状锯齿，小裂片先端尖锐或稍钝，上面绿色被微毛，背面淡绿色疏被或密被白色分叉柔毛。叶具短柄，具狭翅，基部具羽状假托叶，上部为羽状三裂或不裂。头状花序具香气，直径1～1.5厘米，通常花多数在枝先端排列呈复伞房花序，总苞碟形，直径5～7毫米，总苞片5层，外层线形或线状长圆形，边缘白色或浅褐色膜质。舌状花黄色，舌状椭圆形，长5～7毫米，先端全缘或2～3个不明显齿裂。花期9～11月。瘦果，长1.2～1.5毫米，倒卵形无冠毛。全国各地有多个变种。

4. 怎样识别小野菊？

答：小野菊（*Dendranthema indicum*）为多年生宿根草本花卉，高25～100厘米，地下横生走茎粗壮有分支。地上茎直立或铺展，基部木质化。单叶互生，基生叶随生长而脱落，茎生叶卵形或矩圆状卵形，长4～7厘米，宽1～2.5厘米，羽状深裂，先端片大，侧裂片两对，卵形或矩圆形，裂片边缘浅裂或有锯齿，上部叶渐小，叶面有腺体及疏毛，叶片下部收缩成叶柄，基部具锯齿状托叶。头状花序直径2.5～5厘米，在枝先端排列成伞房状圆锥花序或不规则伞房花序。舌状花黄色，雌性，盘心筒状花两性，栽培种、杂交种有多种花色。瘦果有五条纵筋。广布于全国各地。

5. 毛华菊的形态怎样识别？

答：毛华菊（*Dendranthema vestitum*）为多年生宿根草本花卉，分布于河南、安徽、湖北的阴山坡上。株高40～80厘米，茎直立，坚硬，基部木质化，密被白色茸毛，有密被茸毛的腋芽或腋芽发育成的营养短枝。叶质厚，叶形变化大，有匙型、倒卵形、卵形、圆形、宽披针形等，边缘有稀疏的粗大锯齿或近全缘，基部楔形,并渐狭窄成叶柄。头状花序直径2～3厘米，单生于枝先端或排列成疏散的伞房状，总苞杯状，舌状花白色，雌性，盘心筒状花两性。瘦果稍扁，有5～6条不明显筋，边筋宽膜质。

6. 太平洋亚菊的形态怎样识别？

答：太平洋亚菊（*Ajania pacifica*）又称全桂小菊、扎景小菊，为亚菊属多年生宿根草本花卉。茎直立，株高30～50厘米，基部木质化，多分枝，分枝开展或斜生，具地下横走茎，被白粉状毛。叶卵形、宽卵形近圆形，或矩圆形，长3～5厘米，宽2～3厘米，羽状深裂，裂片卵形或椭圆状卵形，边缘有缺刻状锯齿，基部楔形，渐狭窄成叶柄。头状花序在枝先端排列成伞房状，花黄色，无舌状花，边缘花雌性，盘心花两性。瘦果倒卵形黄色，目前多做小菊栽培，是小菊育种的优良亲本。育种中可出现大量具舌状花及具芳香的品种。

7. 怎样识别小花亚菊？

答：小花亚菊(*Ajania parviflora*)为多年生宿根草本，高7～25厘米，茎木质化而粗壮，灰色或暗灰色，从生状斜生或横走，沿地面茎发出多数直立或斜生的花枝和当年不育枝，不育枝短，先端有密集的叶，当年生枝全部着叶，2年生枝下部叶脱落，叶互生，羽状全裂或二回羽状全裂，裂片窄条形，长2.5厘米，宽1厘米，叶面绿色，叶背灰白色。头状花序在枝先端排列成伞房状。总苞钟状，花黄色，无舌状花，边花雌性，盘心花两性。瘦果。

8. 怎样识别小红菊？

答：小红菊（*Dendranthema chanetii*）为多年生宿根草本，茎直立，株高10～35厘米，地下横走枝纤细而又分支。全株被细茸毛，茎常单生，基部稍有弯曲，中部以上有分枝或不分枝。基部及下部茎生叶掌状或羽状浅裂，偶有深裂，宽卵形或肾形，长10厘米，宽5厘米，两面有腺点及柔毛，基部楔形，叶柄有翅。头状花序2～15个，在枝先端排列成伞房状，少有1朵单花生于枝先端的，边花舌状，粉红色、红紫色或白色。瘦果。

9. 怎样识别白蒿？

答：白蒿（*Artemisia sieversiana*）为菊科蒿属1～2年生草本植物，菊花栽培中常作为嫁接菊花的砧木。野生时有较大主根，扦插苗、压条苗无主根，但能产生3～4条较粗大的直根，有多数侧根及分支根，根系发达丰富，白色、黄色、浅黄色至褐黄色，根冠白色。株高可达1米，甚至更高，基部即能产生分枝至茎干近先端，茎直立，圆柱状有筋，被短茸毛。叶互生宽卵形，银绿色，长4～10厘米，宽3～8厘米，疏生灰白色柔毛，叶背较密，2～3回羽状分裂，裂片条形，先端圆钝或渐尖，叶柄长2～4厘米，有沟槽，基部具三角状披针形托叶，茎或分枝先端近花蕾处叶片浅裂或披针形、条形不裂。头状花序多数，具短柄及条状苞片，总苞片膜质，花序托具白毛，花小，黄色，外轮为雌性，内轮两性，花期8～9月。瘦果，卵圆形，长约1毫米，黄色或浅黄褐色，全国各地有多个变种。

10. 怎样区分嫁接菊花的青蒿？

答：青蒿（*Artemisia apiacea*）为菊科蒿属（艾属）二年生草本植物，株高可达1.5米甚至更高，全株具香味，又称香蒿、黄蒿、方溃等。具有明显主根，根系丰富健壮，白色或黄色，根冠白色，密生根毛。茎直立单生，自基部有分枝或中上部多分枝，光滑无毛，茎圆柱状有纵筋，随侧枝叶片增多，主干下部至基部叶片枯萎脱落。新生苗无地上茎，叶片四射铺散生长，随第二年生长发育茎干伸长后互生，中部叶矩圆形二回羽状分裂，长5～15厘米，宽2～6厘米，裂片矩圆状条形，渐尖，斜向或平展，二次裂片细条形渐尖，具尖锐锯齿，上部叶渐小浅裂，新绿色，质薄，叶柄长2～3厘米。头状花序，球形，多数集成总状或复总状着生，花后向下弯垂，小花筒状，黄色，外轮雌性，内轮两性，花期8～10月。瘦果，矩圆形黄色。

11. 怎样识别茵陈蒿？

答：茵陈蒿（*Artemisia capillaris*）为菊科蒿属（艾属）多年生或二年生宿根草本植物，又有绵茵陈、小白蒿、白头蒿、香蒿、蒲蒿、角蒿、山茵陈等多种名称。多年生植株多为丛生，二年生苗多为单干，株高可达1米以上。具主根，根系发达丰富，白色、黄色或浅黄褐色。茎直立健壮，多分枝，圆柱状有纵筋，基部木质化，当年生及春季以后基部发生的苗无地上茎或极短，越冬苗叶片紧贴地面，四散铺散，随生长季节拉长而开始抽茎。叶互生，叶片2～3回羽状分裂，裂片长2～3厘米，宽1厘米左右，条形，无毛，先端微尖。头状花序多数生于枝先端，排列成总状或复伞房状着生，具短梗及线状苞片，总苞片4层，卵形先端具尖，边缘膜质。花黄色，外轮雌性，为能育花，内轮花多数不育。瘦果矩圆形，黄色。多生于沙质土壤中，各地均有变种。

12. 什么叫原生形态？什么叫栽培形态？

答：原生形态：指野生或未经人工栽培管理的宿根植株，此种植株因生存在自然环境中，环境或干或湿，土壤中营养元素消耗后得不到补充，茎干自然铺散多为丛生状，细长，呈匍匐或半匍匐状态，叶片薄而小，基部木质化，呈干黄色或黄褐色，脚芽不能在土壤中伸长，多集中生于老干近周，或生于老枝上，呈侧枝状着生。花轮小，小花数量少，舌状花少，筒状花多，多数早期露心，花期短，但早花类易结实。

栽培或逸为野生植株，失于适时整形修剪，也会呈现原生状态，如土地肥沃，干湿合度，由于在自然生态中的秋菊，每生长至20片叶左右时即进入花芽分化期，受日照长短所限，花瓣演变成长椭圆状小叶，俗称柳叶，此时植株先端柳叶状变态花瓣下的茎干上会发生多个萌动芽而后长成分枝，并继续生长（在长日照环境中，变态花瓣不能形成正常花，也不能正常开放），通过2～3年后，由于营养匮乏，出现自然淘汰，这种生态称为原生态或次原生态。

通过人工栽培，适时养护管理，促进营养生长，控制花芽形成期，使其在适合花芽形成时进行花芽形成生长，正常开花。并在高度、造型达到最好最美的境界，这种形态称为栽培形态，目前应用形态即为栽培形态。

二、分 类 篇

1. 菊花怎样按花型特征分类?

答：菊花按花型可分为5类，每类又分若干花型，现介绍如下：

(1) 平瓣类

单轮型（单瓣型）：舌状花1～2轮，平伸或内抱。盘心筒状花发达，花开即露心，如：‘叱咤风云’、‘琼宫童子’、‘杏花波’、‘山乡人面’等。

宽带型（宽瓣型）：舌状花1～2轮，宽而平展或微下垂，一般瓣数在30枚以下，瓣与瓣间紧密排列，围绕在筒状花四周。盘心筒状花发达，开即露心。如‘帅旗’、‘白十八’、‘粉十八’、‘染脂荷’、‘麒麟角’等。

荷花型：舌状花为内卷平瓣3～6轮，呈复瓣或半重瓣，半开即露心。盘心筒状花发达，全花序似荷花，舌状花呈舟形。如‘墨荷’、‘太液池荷’、‘玉壶春’、‘无私铁面’、‘白莲’等。

芍药型：舌状花为直平瓣，从内到外近等长，外轮瓣稍宽，内轮瓣向心内抱。盘心筒状花较少，盛开时露心或不露心。如‘金背大红’、‘清荷显光’、‘绿牡丹’、‘紫芍药’、‘金牡丹’等。

平盘型：舌状花窄而平展平伸，外轮间有匙瓣或管瓣，内瓣渐短，全花呈盘状，盛开时露心或不露心，舌状花多时，筒状花稀少。如‘玉芙蓉’、‘琼阁香雾’、‘慢舞红旗’等。

翻卷型：舌状花平瓣多轮或间有狭匙瓣，中期外轮瓣外翻，内瓣向心内抱，盛开时全部外翻，露心或不露心。筒状花集中于先端盘心或夹杂于舌状花间，全花呈伞状开放。如‘胭脂披霜’、‘紫凤朝阳’、‘永寿墨’、‘梅花鹿’、‘二乔争艳’、‘硃砂红霜’等。

叠球型：舌状花平瓣内抱，长短整齐，层层重叠抱合成球，不露心或盛开时露心。筒状花少，集中于先端盘心或夹杂于舌状花之间。如‘黄鹤楼’、‘君子玉’、‘西厢待月’、‘泥金豹’、‘瑞雪祈年’。

(2) 匙瓣类

匙荷型：舌状花1～3轮，平伸或向心内抱。盘心筒状花多而发达，开即露心。如：‘银雀鸣春’、‘红轻粉薄’、‘秋伴东篱’、‘轻染匙荷’等。

雀舌型：舌状花4轮至多轮，外轮瓣直伸或微垂，全瓣如雀舌。筒状花集中于先端露心或夹杂于舌状花之间。全花较平，少数品种隆起。如‘玉蝶翅’、‘瑶台玉凤’、‘桃花扇’、‘残雪惊鸿’等。

蜂窝型（蜂房型）：舌状花直伸，短匙瓣，内外瓣近等长，排列整齐，全花似蜂窝。筒状花少，多数集中于盘心。如‘万管笙歌’、‘佘君簪花’、‘黄金球’等。

莲座型（钵盂型）：舌状花外轮直伸或内抱，内瓣渐短，中后期露心或不露心。筒状花少，集中着生于盘心或偶有散生于舌状花之间，全花呈莲座形开放。如‘和平’、‘太真含笑’、‘春衫妙舞’、‘惊艳’、‘紫云’等。

卷散型（飘舞型）：舌状花外轮瓣长而下垂，内轮瓣向心内抱，多数抱合成球或散抱，露心或不露心。多数品种筒状花稀少，只在开放后期集于先端或偶有杂生于舌状花间，散抱者多生于盘心。全花外轮飘逸下垂，活泼潇洒自然。如‘长风万里’、‘平沙落雁’、‘玉龙闹海’等。

匙球型：舌状花匙瓣或平瓣，外轮平伸，后期下垂，内轮瓣内抱，盛开时合抱成球。筒状花稀少，多生于先端盘心，偶有杂生于舌状花之间，盛开微露心。如：‘仙露蟠桃’、‘醉色秋容’、‘雨露蟠桃’、‘紫龙卧雪’等。

(3) 管瓣类

单管型：舌状花管瓣1～3轮或内轮间有匙瓣，四周辐射开放，开即露心。盘心筒状花发达。如：‘北极光’、‘桃山流水’、‘踏花归来’、‘染画笔’等。

翎管型：舌状花管瓣，中管直伸，内外瓣近等长。筒状花稀少，多集生于先端盘心处。如：‘玉翎管’、‘银玉簪’、‘金翎管’等。

管盘型：舌状花管瓣，中管直伸，内瓣渐短或微内抱。筒状花少，多集生于盘心。如：‘春水绿波’、‘旭日东升’、‘芳溪秋雨’、‘昭君出塞’等。

松针型：舌状花管瓣，细长管放射状四向直伸，或略有弯曲，状如松针。筒状花少，集中于先端盘心，盛开时不露心或微露心。如：‘粉松针’、‘黄松针’、‘白松针’、‘紫玉松针’等。

疏管型（垂瀑型）：舌状花管瓣，四向放射状直伸，松散。内外瓣近等长。筒状花稀少，多集生于盘心，盛开时多数不露心。如：‘迎风掸尘’、‘灰鹤展翅’、‘海天霞’等。

管球形：舌状花管瓣，中管，管先端多为封口，花瓣四向曲抱成球，盛开不露心。筒状花稀少，集中于盘心。如：‘粉夔龙’、‘南朝粉黛’、‘连成碧玉’、‘黄夔龙’等。

丝发型（垂丝型）：舌状花细管瓣长而下垂，内外瓣近等长。筒状花少，集生于盘心。如：‘十丈珠帘’、‘太白醉酒’、‘金光万道’等。

飞舞型：舌状花管瓣或间有匙瓣，内外瓣近等长，多为中管，外瓣先端直管下垂或有钩环或弯曲，初开时外瓣卷曲无一定方向，呈乱抱形式开放，而后逐渐下垂，内瓣向内曲抱，短于外瓣，盛开露心或不露心。筒状花稀少，集中于盘心，偶有散生于舌状花间。如：‘天鹅舞’、‘莺啼绣户’、‘玉狮吼风’等。

钩环型：舌状花管瓣，外轮间有匙瓣或平瓣，中管先端戟型，开口卷曲成环，外瓣直伸或下垂，内瓣曲抱或内抱。筒状花稀少，多集中生于盘心。如：‘碧玉勾盘’、‘醒狮图’、‘白玉珠帘’、‘飞燕新妆’等。

贯珠型（垂珠型、穿珠型）：舌状花细管，先端开口卷曲成珠，外轮花瓣下垂或直伸，内轮瓣渐短直伸或内抱。筒状花少，多数集生于先端盘心，或杂生于舌状花间。如：‘飞珠散霞’、‘赤线金珠’、‘秋湖观澜’、‘粉线明珠’等。

璎珞型（细管型、针管型）：舌状花细管，先端开口或不开口，直伸或下垂。筒状花少，盛开露心或不露心。如：‘长虹飞鹤’、‘炎阳’、‘桃花线’、‘千尺飞流’等。

(4) 桂瓣类

平桂型：舌状花平瓣较短，1～3轮平伸，内为桂瓣（盘心筒状花演变为桂花形）。如：‘银盘托桂’、‘金盘托桂’、‘桂子飘香’、‘芙蓉托桂’、‘天女散花’、‘绿状元’等。

匙桂型：舌状花匙瓣，平伸，1～4轮，内瓣为桂瓣。如：‘大红托桂’、‘泥龙金爪’、‘雀舌托桂’等。

管桂型：舌状花管瓣，平伸1～3轮，内瓣为桂瓣。如：‘蟾宫桂色’、‘月明星稀’等。

全桂型：舌状花极度卷曲或无，内为整齐或不整齐桂瓣。目前只有全桂型小菊（太平洋亚菊），大菊尚无此类型。

(5) 畸瓣类

龙爪型：舌状花管瓣直伸成辐射状四向着生，间有平瓣、匙瓣，瓣先端五裂呈龙爪状。筒状花集中于盘心，偶有杂生于舌状花间。如：‘千手观音’、‘苍龙爪’、‘紫龙爪’、‘金龙献爪’等。

毛刺型：舌状花平瓣、匙瓣或管瓣，包括平瓣类、匙瓣类及管瓣类中的各型，但在花瓣上生有毛刺与之区别。筒状花集生于盘心或偶有夹杂于舌状花间。如：‘蜜线蜂芒’、‘麻姑献瑞’、‘绿毛龟’、‘五色芙蓉’、‘大粉毛菊’、‘琼岛三友’、‘粉毛狮子’等。

剪绒型：舌状花平瓣或匙瓣，瓣先端5至多数开裂。如：‘春花怒放’、‘碎剪红菱’、‘一剪梅’、‘黄剪绒’等。

在上海菊花分类会议的基础上增加了单轮型1型，共5类31型。

2. 菊花怎样按花盘大小分类？

答：菊花按花盘大小分3种：

小轮种：花序平伸直径在6厘米以下者，又称小菊。

中轮种：花序平伸直径6～10厘米者，又称中菊。

大轮种：花序平伸直径在10厘米以上者，又称大菊。

3. 菊花按自然花期怎样分类？

答：菊花按自然花期可分以下几类：

(1) 秋菊类：

早花种：10月下旬开花的品系。如：‘白鸥逐波’、‘迎风掸尘’、‘平沙落雁’、‘旭桃’等。

中花种：11月上旬开花的品系。如：‘独立寒秋’、‘西厢待月’、‘帅旗’、‘黄鹤楼’等。

晚花种：11月中旬开花的品系。如：‘飞燕歌衫’、‘春水绿波’、‘文苑英华’、‘莺啼绣户’等。

(2) 寒菊类：11月下旬至12月上旬开花的品系。如：‘麻姑献瑞’、‘春花怒放’、‘绿水流波’、‘寒烟朴景’等。

(3) 早花类：9月中旬至10月初开花的品系。多用于花坛、花被或景点布置。

(4) 勤花类：一年多次开花，不受日照长短制约，只要生长期气温适合，生长至开花阶段能够自然开花的品系。

(5) 五九菊系：自然花期6～11月，有2～3次花期，人工控制全年有花。

(6) 夏菊类：自然花期在夏季。按生长期长短进行繁殖全年有花。

4. 菊花怎样按株高分类？

答：菊花按株高可分为3类。

(1) 自然生长形态：株高即植物学形态株高，在栽培条件下可达4米。自然生长由基部至育蕾，因品种不同约20～30片叶，育蕾得不到短日环境会产生侧芽，发育成继续生长的营养枝，直至秋季开花时的高度。

(2) 传统栽培高度：用人为控制高度，按用途适当降低，称为栽培形态高度，但高的品种仍然植株偏高，矮的品种仍然偏矮。栽培方法不同株高也不同。如标本菊高，案头菊矮，悬崖菊长，盆景菊矮。扦插时间不同，高矮也有区别，因此株高应按秋冬之际扦插标本菊、案头菊的栽培形态分类。

(3) 激素控制株高：利用多效唑、B9等抑制使菊花矮化，并非菊花的习性高度，不应作为菊花生长高度的依据。

高茎种：从土表至花托60厘米以上者。

中茎种：由土表至花托40～60厘米。

矮茎种：由土表至花托40厘米以下者。

5. 菊花怎样按花瓣抱合方式分类？

答：菊花按花瓣的抱合方式可分为以下几类：

(1) 正抱：花瓣向中心抱合，叠抱紧密整齐，呈球形或半球形，后期露心或不露心。如：‘雪罩红梅’、‘风清月白’、‘虎背斜阳’、‘黄鹤楼’、‘绿牡丹’、‘惊艳’等。

(2) 追抱（旋抱）：花瓣向中心抱合，中期向同一方向旋转排列，旋抱成球形、半球形。如：‘雪涛’、‘白雪公主’、‘祥云缀宇’、‘飞觥献斝’等。

(3) 折抱（弛抱）：外轮开放后下垂，瓣先端回翻上曲，呈匙状、环状，内瓣向中心抱合。如：‘长风万里’、‘独立寒秋’、‘白鹅戏水’、‘佛山香色’等。

(4) 直抱（自然抱）：花瓣平伸、斜伸或微向中心抱合，先端无勾或环。如：‘旭日东升’、‘残雪飞鸿’、‘云霞出岫’、‘贵妃醉酒’等。

(5) 反抱（反卷抱）：花瓣平伸，开放中期向外反卷。如：‘黄剪绒’、‘永寿墨’、‘胭脂披霜’、‘梅花鹿’等。

(6) 乱抱（飞舞抱）：花瓣初开即无一定方向，随开放变化较大呈不规则抱合，盛开时内瓣内曲，变为规则抱合。如：‘五彩凤’（‘五色凤凰’）、‘懒梳妆’、‘龙泉’等。

(7) 露心抱：花开放即露心。如：‘帅旗’、‘熏风荷香’、‘凤毛麟角’、‘银盘托桂’等。

6. 菊花怎样按花色分类？

答：花色与花的形态特征是分类中最重要的内容，是现场编写牌号的基础。

(1) 白色系：包括正白、玉白、雪白、皎白、晶白、青白、粉白、牙白等色。如：‘雪涛’、‘温玉’、‘白鹅戏水’、‘白十八’等。

(2) 黄色系：包括正黄、淡黄、草黄、金黄、月黄、深黄、青黄、泥黄。如：‘金马玉堂’、‘秋容淡色’、‘老圃黄华’、‘黄骠神骏’等。

(3) 橙色系：包括橙色、橙红、霞红、深橙、橙紫、橙白等色。如：‘金谷残霞’、‘老僧衣’、‘丽金’、‘海天霞’等。

(4) 褐色系：包括浅棕、棕色、深褐、褐紫、红棕、棕黄等色。如：‘醒狮图’、‘檀香勾环’、‘猩猩冠’、‘折缨强楚’等。

(5) 泥金系：花瓣背面泥金色，正面红色、紫色或粉色，其中包括泥金、泥红、泥黄等。如：‘泥金豹’、‘藕色泥金’、‘朱砂灌金’、‘大漠飞鹰’等。

(6) 粉色系：包括正粉、白粉、香妃色、黄粉、嫩粉等。如：‘杨妃舞环’、‘太真图’、‘贵妃醉酒’、‘玉粉羹匙’等。

(7) 紫色系：包括正紫、淡紫、红紫、宫紫、玫紫等。如：‘紫宸殿’、‘朱砂夔龙’、‘瑞祥紫’、‘公孙舞剑’等。

(8) 紫墨色系：包括深墨紫色、深墨红色等。如：‘无私铁面’、‘李逵醉酒’、‘墨牡丹’等。

(9) 红色系：包括正红、淡红、大红、红面黄背、红面白背等。如：‘金背大红’、‘鹤冠’、‘金鸡红翎’、‘银背红’等。

(10) 灰色系：花瓣正面红色、粉色，背面灰色。如：‘灰鸽’、‘灰鹤啣珠’、‘灰鹤展翅’等。

(11) 绿色系：包括嫩绿、豆绿、淡绿、黄绿、绿背粉面等。如：‘绿松针’、‘汴梁绿翠’、‘绿牡丹’、‘绿云’等。

(12) 复色系：每个花瓣分两种或多种颜色，或兼有斑点、斑纹等。如：‘松竹梅’、‘梅花鹿’、‘赤线金珠’、‘凤凰振羽’等。

(13) 间色系：每个花序上舌状花颜色不一，集中或间杂着生。如：‘火中炼金’、‘二乔争艳’、‘鸳鸯’、‘斗艳’等。

7. 菊花怎样按叶型分类？

答：菊花在生长期间利用叶型鉴别品种，鉴别的部位多为由基部向上5～7片叶或由花序向下5～7片叶。要视其株高、叶距、托叶等大小综合形态方能正确认定。但在栽培中受气温、水分、光照、肥力多少的影响，叶的形态也有一定变化，特别是近代应用无机肥、激素等的影响所产生的变化更大，故分辨叶形应在常规栽培下认定。

正叶：叶的长宽合度、薄厚均匀，主脉及支脉分布均匀整齐，叶宽为叶长的1/2左右，为菊花叶片原有形态，缺刻及叶缘平整端正。如：‘白玉珠帘’、‘下里巴人’、‘绿云’、‘芦花月影’等。

长叶：叶片狭长，缺刻锯齿正常，主脉及支脉分布整齐，叶宽不到叶长的1/2，叶片薄厚均匀整齐。如：‘米颠送奇’、‘长虹飞鹤’、‘飞珠散霞’等。

反转叶：主脉明显，缺刻不甚整齐，叶缘向背后卷曲或叶柄反转。如：‘君子玉’、‘杨妃舞环’、‘斑中玉笋’等。

深刻正叶：叶片主脉及支脉整齐规则，缺刻深于叶片宽度1/3以上，多数锯齿尖锐。如：‘南朝粉黛’、‘风雪飘环’、‘独立寒秋’等。

深刻长叶：叶片主脉及支脉整齐规则，缺刻深于叶片宽度的1/3以上。多数锯齿尖锐。叶缘整齐。如：‘赤线金珠’、‘彩龙爪’、‘文苑英华’、‘金龙献爪’等。

圆叶：叶片近宽卵形，或近椭圆形，主脉短，叶片健壮、肥厚、粗糙，缺刻浅、锯齿钝。如：‘童发交融’、‘金霞冠’、‘一棒雪’、‘仙露蟠桃’等。

葵叶：叶片近圆形或扁圆形，主脉短，缺刻浅，叶缘锯齿钝。如：‘温玉’、‘雪涛’、‘白毛菊’等。

蓬叶（蒿叶）：叶片呈蓬蒿状，缺刻极深，叶脉锯齿尖，叶柄较长，托叶小。如：‘十丈珠帘’、‘绿毛龟’等。

斜叶：叶片两侧不等，一面偏多，一面偏少，狭长，叶缘缺刻两侧不等。如：‘五彩凤’等。

8. 菊花怎样按经济用途分类？

答：菊花按经济用途分为以下几类：

(1) 观赏类：

花形花色美观或殊色殊形，作为点缀环境，美化生活之种类。

容器栽培型：凡有观赏价值，无论何种类型，能够用容器栽培的均视为此型。

露地型：凡株冠整齐，栽培养护粗放，能露地越冬、露地开花的种类。如：早菊、早小菊、五九菊等。

切花类：凡茎干挺拔，栽培高度50厘米以上，花色纯正，花瓣直伸有力，叶片整齐，端正，无论大菊小菊均可作为切花。

(2) 食用类：用于制作糕点、茶饮料、菜肴、酿酒或佐餐的品类。如：‘瑶台玉凤’、‘下里巴人’、‘杭白菊’、‘甘菊’等。

(3) 药用或保健类：配制医药的品类，可制作汤饮、药枕、熏蒸剂等。如杭白菊、滁菊、贡菊、甘菊等，药枕不分大菊小菊，所有菊花，甘菊、亚菊均可应用。

(4) 香精类：提取制作菊花香精的品类。

9. 菊花怎样按栽培方式、修剪盘扎方法分类？

(1) 大菊类：

独本菊：也称标本菊。1本1花栽培出品种特征，为菊展、品种鉴定、栽培鉴定、品菊、冬季专类或普通花坛点缀陈设等主要栽培方法。

双本菊（两本菊、鸳鸯菊）：1本经过修剪培育成由基部土面以上双本双花，为表现品种花形特征的另一种栽培方法。要求较严格，两花高矮、大小、花型表现基本相同，也是品种鉴定、菊花展、品菊、秋菊花坛、陈设等的栽培方法之一。

多头菊（3～15本菊，通常3～9本菊）：1盆1本经过修剪栽培成由基部分枝成3～15本，多者可达20多本的栽培方法。为参加菊展，布置花坛，点缀大厅、庭院、阳台、居室等之类型。

三叉九顶菊：1本3叉9枝9花，又称九顶菊，是我国传统栽培方法，目前这种栽培方法已近失传。历来我国有三为贤，九为天的说法，为贤者顶天立地，被称为吉祥如意。主要用于室内点缀或参加菊展。

案头菊（矮化菊、矮状菊、几案菊）：应用小盆夏秋季扦插栽培，通常选用花盆口径不大于10厘米，高也不大于10厘米，株高由土面至花序下不超过10厘米，花大而明快。用植物矮壮素控制株高的栽培方法。多用于室内或阳台陈设，及花坛组图案或参加菊展。

接本菊：用蓬蒿类做砧木嫁接菊花的方法，可嫁接成独本或十几个、几十个枝条。几十个花朵或品种间嫁接，使其1本多品种、多颜色的栽培方法。通过盘扎使之高矮一致，达到雍容华贵、整齐大方的栽培效果。多用于菊展、庭院布置、绿地点景或室内陈设。蓬蒿类植物抗性强，栽培养护容易，管理粗放，故也常用于栽培难度较大的品种。

大立菊：1盆1本通过修剪盘扎，开花几百朵或几千朵的造型方式。通常无主导枝。有原本及嫁接两种栽培方法。主要用于菊展，广场、庭院、大厅等处布置。

树菊（塔菊、什样锦）：用蓬蒿类植物做砧木嫁接成为数十朵至数百朵菊花，并整形成有主导枝的塔形、树形等，1个品种或多个品种，或大菊、小菊同接一本的造型方式。多用于菊展，大厅、庭院等处布置。

造景菊：选用枝条柔软，花色纯正，色彩鲜明，花期基本一致的品种，用多头菊或接本菊的方法，用网架盘扎成各种图案或立体造型，可一盆或多盆组合。多用于菊展、大型会场、广场、机关单位门前等处布置。

(2) 小菊类：

满天星（多头菊）：1盆1～3株，经多次摘心，开花时整体呈球形、半球形或顶部水平，以繁为胜。用于参加菊展、布置花坛、花带、庭院、厅堂或独立观赏。

悬崖菊：一盆1～3本（通常为1本）造成主干（主导枝）下垂，如山崖野生姿态的造型方法，可大可小。有原本及嫁接两种方法，多用于菊展、假山、高台、高架园林绿化造景、大型会场、庭院、大厅、阳台或室内边角布置。

松菊（小菊塔菊）：1盆1～3本，通过栽培修剪盘扎成青壮时有主导枝的桧柏形。有原本及嫁接两种方法。多用于菊展、大型会场、园林绿地、庭院、大厅或建筑物门前。

小菊组合造景：用满天星、悬崖菊等栽培方法再进行多株组合，可形成平面或立体图案、景物等。多用于菊展、节日会场、庆祝点缀。

盘菊：又称碟菊，利用各种造型的盘碗等作为栽培容器，于秋季用接近或已经形成花芽的假年龄枝条扦插，并选用植物矮壮素控制植株高度的栽培造型方法。多用于菊展、室内点缀。

微型盆栽（玲珑菊）：利用小口径花盆为容器，栽植秋播苗，用或不用矮壮素控制高度。除参加菊展及立体花坛外，多作案头陈设。

小菊盆景：利用小菊原本或蓬蒿嫁接，并通过盘扎、修剪，塑造成各种植物盆景姿态的栽培方法。可用两年生或多年生植物。除参加菊展外，多用于高雅的室内陈设。

(3) 植被菊类：

又称早小菊、地被菊、花被菊。选用植株偏矮、花繁、花色单一或颜色基本一致的品种，栽培成色块、色带或花篱。也可不考虑花色，利用其宿根性栽植于大环境的草地边缘、林缘、山坡、河岸、道边、花境、墙隅、篱下等处，要求耐寒、耐贫瘠、栽培养护粗放的品系。

(4) 切花菊：

选能作切花的品系制作花篮、花束、艺术插花、花环等。要求茎干挺拔、花色鲜明、花期较长、耐低温贮藏的品种。

10.菊花品种现场怎样编号？

答：编号或编码是记录或查寻菊花品种最好的方法。通常选用3位制，第一位为类型（按花型特征分类），第二位为花色，第三位为品种名。如1-1-1即‘白十八’。

三、习性篇

1. 菊花对温度有哪些要求？

答：现代菊花为一千多年来自然和人工杂交培育的多元化杂合体，又通过多年人工栽培，对恶劣环境的抵抗能力已经很差，如果置野外或逸为野生状态，很少能长期生存。对温度幅度的要求越来越窄，栽培中适当调节温度是非常必要的。

菊花属耐寒性宿根花卉，各种群间、各品种间，各个生长发育阶段，产地不同，所需要的温度也各有不同。通常能耐-15℃低温或更低，有的品种如：‘朱砂灌金’、‘文经武纬’、‘金霞冠’经历-24℃冻土，翌春仍能良好发芽；而‘五彩凤’、‘绿牡丹’在-15℃露地越冬时，翌春发芽率则很低。能耐高温，在白天自然气温高达38℃（天气预报温度）仍未见伤害。能适应骤然变温，特别是苗期适应性更强，如从10℃室内移至-5℃光照条件下，只是短时间被冻僵，气温回升后自然会恢复生长。但花期耐冻性差，一旦受冻不易恢复。

(1) 播种期对温度的要求：种子在水分供应充足条件下，在平均温度15～24℃之间，3～5天即可发芽。温度低于8℃发芽缓慢，高温、高湿不影响发芽。

(2) 扦插对温度的要求：插穗在体内不失水分条件下，白天16℃以上，夜间（暗光期）5℃以上，愈伤组织7～10天（个别品种20～30天）形成，10～18天生根；白天20℃以上，夜间12℃以上，愈伤组织5～10天形成，随之生根；白天28℃以上，夜间15℃以上，在潮湿条件下，愈伤组织与生根几乎同时发生。白天温度低于12℃生根减慢，高温、高湿生根快。

(3) 压条对温度的要求：压条繁殖多在夏季，气温较高生根容易，多在7～10天即可生根。如果在温室内进行压条，夜间10℃左右，白天18～23℃生根最快。

(4) 埋条对温度的要求：埋条是笔者发现的一种利用枝条的特殊繁殖方法，全年可行，但多在冬季于温室内进行。在土温夜间不低于10℃，白天18～25℃，部分潜伏芽7～10天萌动，15～18天新芽出土，新芽出土后随即生根。露地埋条全年可行，通常在5～8月，但温度不能低于10℃。冬季埋条翌春新芽出土。

(5) 分株对温度的要求：因有根系存在，对温度适应较宽，在3℃以上进行，大多数很快即能生出新根。

(6) 嫁接对温度的要求：嫁接应在生长旺盛的夏季进行，在白天28～32℃，夜间不低于20℃温度下进行，一般均能成活。

(7) 生长期间对温度的要求：生长温度在5～8℃之间菊花即缓慢生长，10℃以上生长加快。自然气温高于36℃未见有伤害。在2～5℃，光照、通风良好条件下停止生长，茎叶仍挺拔。大风天气致使茎叶枯萎。

(8) 花芽分化、花蕾形成对温度的要求：秋菊类花芽分化与花蕾形成，除温度外尚受日照长短制约，另外还有生长发育期的影响，三者紧密关联，缺一不可。花芽分化最适自然温度为白天26～28℃，夜间12～18℃之间，成花素集聚，花芽分化形成后气温渐低，对花蕾形成并生长有利。在高温条件下由生长进入发育，日照仍较长，花芽不能完全分化，花蕾不能形成，停止正常生长的先端则形成柳叶状变态叶或称变态花瓣而出现柳叶头。生长期时间不足，未进入发育期时，温度降低，日照变短，植株茎节间缩短，叶片变大变厚，茎叶内大量贮备越冬养分而会出现封头，也不能正常育蕾开花。

(9) 花期对温度的要求：菊花为无限花序，由外轮向内轮逐朵开放。在高温条件下，花瓣伸长快，花期短，颜色不正，特别是受人为短日照开花的种类更是如此。低温条件，在正常的直射光照下，花瓣伸展慢，花期长，花色正，如：‘灰鹤唧珠’、‘灰鹤展翅’、‘无私铁面’、‘墨荷’等灰色系及墨紫色系一些品种，才能有较理想的花色。但‘绿牡丹’、‘绿朝云’等绿色品种，应在通风背阴处养护，花色才能纯正鲜明。这些品种在高温下开放均严重失色。

2. 菊花对光照有哪些要求？

答：菊花喜直射光照，不耐荫蔽，在通风良好、直晒场地长势健壮，茎节正常，叶片薄厚均匀，根系发达。光照不足，长势瘦弱，茎节细长，不能正常直立，叶片变薄，叶色暗淡。由繁殖至开花的生命周期中各阶段所需要的光照是不同的。光照强度直接影响光合作用的质量，日照长短则制约着花芽分化。

(1) 播种对光照的要求：种子发芽在暗光条件或稍有光照下进行，温度、水分适宜即可发芽出土。出土后即需要良好光照，光照不足小苗细弱倒伏，其叶薄而弱，甚致失绿，造成死苗。光照强度过大也会引起强烈失水，根系吸收小于蒸腾（俗称晒死）而干枯。通常在半阴、潮湿条件下播种，小苗出土后逐步移至直晒光照下，才能不受任何损伤。

(2) 扦插对光照的要求：菊花扦插繁殖，自然光照越强，自然温度越高，生根越快。光照越弱，生根越慢。夏季全光照喷雾扦插，3～5天剪口愈伤随即生根；相反在同样温度的阴棚下，需要1周左右才能生根。在直晒下用容器扦插，每天多次喷水生根也快。

(3) 压条对光照的要求：直晒光照下生根快，半阴下生根慢。用粗沙或细沙土在直晒处压条，12～18天生根，应用普通园土或在半阴处，25～35天生根，相比之下要慢得多。埋得越深，生根越慢，越浅生根则快。土壤偏湿生根快，越干越慢。

(4) 埋条对光照的要求：枝条脱离母体后即切断了水分、养分的供应，光照过强，体内水分极易蒸腾，而且没有根系吸收补充，势必造成体内缺水，故前期应在半阴、潮湿环境减少蒸腾。潜伏芽萌动出土后，移至强光下有利于生根。光照不足，土温过低，新根难以发生，潜伏芽萌动也慢。

(5) 分株对光照的要求：分株后大量根系折断，光照过强，蒸腾过大，造成体内失水而萎蔫，中下部老叶黄枯。故前期应在半阴环境中缓苗，此时因断根，会使根系增多，需待恢复生长后逐步移至直晒光照下。

(6) 嫁接对光照的要求：两种植物嫁接后，由于排斥作用，接穗会短时失去水分、养分供应，为保持体内水分、养分，应适当遮光，待排斥期过后，恢复生长时，转入直晒光。

(7) 生长发育阶段对光照的要求：菊花生长发育阶段，需良好的光合作用与上输的水分、养分汇合，供应茎干生长发育。光照不足茎叶衰弱，叶片变薄，甚致失绿枯死；光照越强，光合作用越好，植株长势就越健壮。

(8) 开花期对光照的要求：开花期光照不足，通风不良，花朵不能正常开放，常造成内轮花瓣枯萎。另外除绿色品种外，均需良好光照。光照充足花色艳丽纯正，光照不足颜色暗淡不正，特别是墨紫色、紫色、红色、灰色、泥金色等，光照不足，色彩不但不正，且失去光泽。绿色品种则需避免强光照射，否则会变成白色或黄色。

(9) 脚芽发生率与光照的关系：直射光照到的盆土内，脚芽发生率高且地下横走茎部分较长，照射不到的地方发生率低，当然这与水、肥、土有直接关系。

(10) 日照长短对秋菊的影响：秋菊属短日照花卉，进入花芽分化期时对日照时间长短非常敏感，当日照少于12小时，由纯营养生长进入繁殖生长，由于体内成花素的积累而花芽分化形成花蕾，在适温中生长开花。一些品种除对短日照敏感外，还要求强烈光照及适合发育的温度，如‘粉夔龙’、‘黄夔龙’等品种在短日照环境中还要求光照期需有较强光照，暗光期需要较强的暗光。又如：‘金龙献爪’、‘彩龙爪’等除光照外，适温也非常重要，在适温上限时，形成的花蕾多数畸形，舌状花、筒状花均稀少，甚至形成空蕾，有萼片没有花瓣；而在下限形成的花蕾，则全部为正常。另外土壤贫瘠、磷钾肥不足、氮肥过多，也会产生此类现象。

3. 菊花对水分有哪些要求？

答：菊花体内的水分占自身全重的90%以上，是植株体的主要组成部分。

(1) 体内水分与光照的关系：菊花生长发育阶段，光照强度越强，水分运输就越快，光照时间越长，水分运输时间也越长，土壤供应的水分也就多；反之则少。

(2) 体内水分与温度的关系：在适温环境中，蒸腾作用随温度的升高而加快，需要补充供水，携带的养分也随之增多，代谢能量也随之加快，茎、叶生长也越加旺盛；反之则减慢。温度过高时，体内水分流动加速，也导致水分蒸发加快，到一定程度时，组织细胞内的结合水被挤压外溢，不能及时供水，则造成干旱枯死，通常称为旱死或干死。体内含水量越高，耐寒程度越差，含水量越低，耐寒程度越高，耐寒程度称为耐寒力。同一植株的各个器官耐寒力各有不同，在体内水分平衡条件下，脚芽耐寒力最强，经-25℃低温，天气回暖后仍能恢复生长。茎叶能耐-6℃低温，花蕾能耐短时-5℃低温。已经开放的花瓣耐寒力最差，一般品种在-2～-3℃，有的品种0℃即受冻害。种子能在冷室潮湿条件下发芽生长，脚芽能在3～5℃时萌动生长，而茎叶6℃以下时即停止生长。

4. 土壤含水量与菊花生长发育有什么关系？

答：菊花体内水分多数来自土壤中，土壤含水量多少直接影响菊花生长发育。土壤含水量多少通常称为墒情，常分为5类。

(1) 黑墒：土壤黑褐色，直观可见潮湿。土壤含水量在20%～25%，手攥成团，挤压时水能溢出，落地成泥饼。土壤含水量充足，呈水湿状态，但含空气量少，为菊花扦插或压条、埋条、播种等前期之良好土壤墒情，为生根后及栽培上限。菊花生长在这种墒情的土壤中，因通透性差，含空气量少，长势瘦弱，根系不发达，叶片薄，一旦遇雨，很可能造成烂根。

(2) 褐墒：又称合墒，直观可见土壤湿润，手攥成团，扔之落地即散成小土块，手上留有湿痕。土壤含水量为15%～20%。土壤中含水量及含空气比例适当，为菊花播种、扦插、压条、埋条生根后养护及栽培的最适墒情。雨季及时排水，雨后中耕保墒。

(3) 黄墒：直观可见有潮湿感，手攥能成团，手上无湿痕，微动即散。土壤含水量12%～15%，为扦插、压条、埋条生根后养护下限，播种只部分出苗。应加强中耕，适时蹲苗，如遇干旱、暴晒、大风天气，应及时补充浇水。

(4) 灰墒：直观可见土壤呈干旱状态，掘开土表微见湿土，手攥不能成团。土壤含水量5%～10%，水分含量不足，呈干旱状态。此时菊花叶片及先端嫩枝在空气湿度不足下出现萎蔫，长时间生长在这种墒情中的植株矮小，叶节变短，基部或下部叶片枯干脱落，中部叶片边缘枯干，新生叶渐小或停止生长。正常情况下应及时浇水。

(5) 干土：直观即见呈干旱状态，掘开土壤呈干土块，下层仍不见湿土，手攥成粉末，土壤含水量在5%以下，风吹即成扬尘，不浇透水不能种植。

5. 种植菊花浇水的方法有哪些？

答：常用浇水方法：

(1) 漫灌：又称满灌，是通过水渠直接将水浇灌于露地栽植苗的方法。通常多用于绿化景点浇水，因畦较大，不规则，有浇灌充分、周到，渗透较深，维持土壤及空气湿度较长的优点，但用水量较大是其不足。

(2) 沟灌：在叠畦的同时，将两排畦中间做成垄沟，用水泵、水车等将井水、河水、塘水抽入垄沟后流入畦内的方法。浇水时将畦的一端掘开使水流入畦中，浇透后堵塞使其流入另一个畦。这种方法同漫灌一样因水流通过地表流一段路程，使水温增高。浇灌面积较大，不受季节限制，空气湿度大，维持时间长，对菊花生长发育极有利，为最常用的传统浇灌方法，也是用水量较多为其不足。

(3) 管道浇灌方法：水源通过管道流入畦地或容器，有较大的水压，可由截水阀门控制流量，应用上较为方便。

平畦浇灌时，管道出水口处最好设置缓流池，水流入缓流池后经过减压再流入畦中，从畦较高的一处开始浇，并垫一层草帘，以防将畦土冲得坑洼不平。输水管道大多埋于地下，水温低，自然气温高，浇灌后土表下温度骤然下降，菊花生长会产生短时间停止。虽然输水系统不会造成损耗，但仍属漫灌范畴，用水量较大。

(4) 滴灌：水流通过管道至滴管，一滴一滴地渗入土壤的方法称滴灌。滴灌管埋布于畦内植株附近或栽培容器内，由于流量微小，被土壤吸附力强，渗透力好，为目前省劳力、省水的最好浇灌方法，也是目前大面积栽培选用最多的方法之一。但设施较多，一次性投资较大是其不足。

(5) 喷灌：直接采用自来水接喷头或通过水泵或压力罐、管道、喷头浇灌的方法称为喷灌。应用中有固定及移动式两种，并且可将喷头固定在一个方向或自行旋转。也可将喷头安装在可移动的软管一侧，另一侧接水源管，可人工移动喷水于畦中或栽培容器中。有调节水温、增加空气湿度、节约用水的优点。菊花扦插、压条、埋条、畦栽前期养护广泛应用。因水压高，应适当控制，以防植株倒伏。花期应尽可能不用喷灌，以防花瓣因水重而下垂。容器栽培因盆土干湿不均，不易掌握，最好不用喷灌，可选用喷水。

6. 给菊花浇水，在不同季节、时间、温度下有什么要求？

答：生长季节的春季、秋季气候干旱，风多雨少，浇水量及次数多。夏季炎热干旱多浇，雨天、阴天少浇或不浇，雨季及时排水。土壤保持在褐墒至黄墒之间，使土壤润而不湿。开花期土壤偏湿。

盆栽苗受日照、温度等影响，需每日补充浇水，夏季浇水时间最好在上午10：00前或下午16：00后，避开中午，以免因水温、土温差别过大，造成土壤中的热空气急骤上升至土表而灼伤菊花的茎基部， 在干旱燥热的夏季，雷阵雨天气后，菊花萎蔫死苗的原因应该也是水温低、土温高造成的。春季、冬季应于中午自然气温较高、光照较好时浇水，此时水温与自然气温较为接近。

土壤含水量最好处于黄墒至褐墒之间，含水量过多、温度过高、光照较弱，易产生虚弱的徒长苗。花期土壤过干，花瓣得不到充分伸长，花轮变小，花期缩短，应保持土壤湿润或稍偏湿，光照充足，通风良好，花瓣才能充分生长，花轮达到最佳水平。

7. 水质对菊花的生长发育有影响吗？

答：水质的好坏直接影响菊花生长发育。最理想的栽培用水为未受化学污染的塘水、湖水、河水、雨水、流动一段时间的泉水，这些水在长时间受光照、通风等影响，经微生物分解，使有益的矿物质容易被植株吸收，加之水温与土温相近，不会伤害茎基部及浅层根。但雨水中常带有一些暂时或不能分解的物质，易使土表板结，应加强中耕，既能使土表通透，又能保墒。其次为井水、中水、自来水，其中井水因长时间光照不足，矿物质分解慢，温度低。中水、自来水含一些消毒灭菌剂，应先灌入水池或盆缸等容器中晾晒后浇灌。洗菜水、淘米水及剩茶水等生活水，应经晾晒发酵后应用。切忌用污沟水、有化学污染的水浇花。

8. 菊花对通风有哪些要求？

答：在菊花栽培中，光照越强，气温越高，土壤含水量越大，要求通风越好。通风不良，茎节变长，叶片变薄变小，且易倒伏，或中下部叶片枯萎脱落，不能正常开花，且易罹病虫害。因此合理安排株行距是非常必要的，株行距除考虑栽培养护时不受人为损伤外，以在生长期间株行间叶片互不搭接产生磨擦为度。过密，茎弱，叶节间长，易倒伏；过于稀疏，浪费场地。

(1) 花期与通风：花期除良好光照及冷凉气候外，通风是非常重要的环节。通风不良，不但叶片变黄枯干，花朵也不能正常开放，常造成花瓣伸长力不足，花轮变小。重瓣类，特别是管瓣花引发腐烂变黑。育种植株不能正常结实。

(2) 冷室养护：要求温度夜间2～5℃，能忍受短时0℃低温，白天最好不高于12℃。温度越高，开花时间越短。在这种气温下，除防霜、防风外，可以不覆盖，实际栽培中很少能达到这种要求，故需晚间覆盖，白天必须通风良好。一般情况，早晨开窗或打开通风口，大量通风，夜间视天气情况关闭或不关闭通风口。

(3) 阳畦或小弓子棚养护：阳畦通常于霜前建立，并将已经透色的植株移入阳畦，自然气温低于0℃以下时，或风雨雪天气覆盖保护物，晴好天气全部掀开通风。晚间气温降至-3℃时，加盖蒲席或厚草帘或防寒被，翌晨掀开通风。

小弓子棚养护，由于摆放时在自然平地面上，与阳畦相比，通风量大，基部叶片不会因通风不良而受损。光照面积大，易于植株光合作用，易浇水、易养护，但保温稍差。

(4) 陈设与通风：家中栽培菊花，由于秋菊、寒菊类开花时间多在初冬或冬季，此时北方室内多数已经供暖，室温较高，且出现反温差，又因保温而通风不良。高室温会使花朵开放加快，观赏期缩短，空气干燥会使花瓣伸长力减弱变短，花朵变小。通风不良、光照不足，不但花色不正，还使内部花瓣停止或减慢生长，甚至霉烂变黑。故陈设时，应考虑置于通风良好、光照充足、室温较低的阳台。或白天移至阳台或庭院中，晚间自然气温不低于0℃时不移入室内，可延长花期。浇水时勿溅于花朵，由于通风不良，溅到花朵上的水不易干，容易造成腐烂。群体陈设时不宜过密，并应于白天长时间开窗通风。

展览室陈设，能2～3面通风最好，关闭暖气，白天门窗全部开启，特别是观赏人群较多时更应如此。晚间无大风天气或-5℃以上时，最好留一面开窗通风，切忌门窗紧闭，摆放也不宜过密。对一些重瓣品种，特别是管瓣类，能隔一定时间移出室外或两盆交替更换则更好。

9. 用哪种土壤种菊花最好？

答：栽培菊花要求疏松肥沃、排水良好、富含腐殖质的土壤。我国幅员广大，土壤类别繁多，归纳起来可分为3大类。

(1) 冷型土：又称高密度土，其中包括红黏壤土、黑黏壤土、黄黏壤土等，俗称胶泥土。这类土壤颗粒小，密度高，含纤维质少，气孔间隙小、通透性差，贮水量较大，所含营养元素分解慢，雨季或浇水过多易积水或变成泥浆，干旱时易板结，或水分蒸发后易裂成块，升温慢，降温也慢，不利于菊花生长发育，特别是根系不能正常发展，新根难以发生。雨季或浇水过多，根系因缺氧易造成涝害。因此不能直接栽植菊花，应适量增加腐殖土或腐叶土，并增加腐熟厩肥，改良后才能用于栽培。

(2) 中性土：又称熟土或园土，指多年栽培农作物的土壤。这类土壤颗粒适中，密度适中，气孔间隙均匀，通透性较好，含营养元素丰富，易分解，雨季及浇水后能较快渗透，不积水，易保墒，水分蒸发适中，升温、降温均能适应一切菊花类生长发育。土壤孔隙水分饱和后，很快即能渗透，所以含氧量能及时恢复，利于新根形成，根系伸长增多。只要肥料充足，菊花能够良好生长。

(3) 温性土：指细沙土、建筑沙等沙土类土壤，俗称漏沙地。这类土壤颗粒大，松散，密度小，气孔间隙大，通透性强，不易积水，表层不易保墒，中下层保墒较好，雨季及浇水渗漏快。升温快，降温也快。含纤维及腐殖质极少，营养元素含量也少，属贫瘠类型土壤。多用于扦插、压条、埋条等繁殖，或与其它基质组合应用于栽培。有发小不发大的特点。

10. 用容器栽培菊花，用什么基质最好？

答：容器栽培菊花可用人工配制的基质。如将落叶、秸秆、谷壳、豆秧、棉籽皮等沤制成腐叶土，并加入适量土壤或其它基质而组合成的土壤称人工配制栽培土。这类土壤疏松通透，又能在短时间内将多余水分排出容器外，升温快，颗粒间孔隙大，含空气量大，但一定要充分发酵腐熟。除腐叶土外，尚有很多可以配制栽培土的材料，介绍如下：

(1) 腐殖土：又称草炭土、泥炭土。是古代湖沼地域的植物被埋藏于地下，在淹水缺少空气的条件下，分解不完全的一种有机物。依据其形成环境、植物群落及理化性状可分为3大类。

低位草炭土：分布在地势低洼处，季节性或常年浸泡于水中，水源多为含矿物质较多的泉水，一般分解程度较高。呈酸性反应，持水量小，稍风干即可应用。目前花卉市场供应的多为此类。

高位草炭土：多分布于高寒地区，水源主要靠雨水。这种草炭分解差，酸度高，呈酸性或强酸性反应。可用白云石调节酸度。欧美多是此类草炭土。

中位草炭土：介于上述两种的过渡类型。

草炭土每立方米重约30～50千克，重量轻，含氮量高，但含速效氮、磷、钾不足，对水和氨吸附力强，是垫圈保肥的良好材料，也可直接组合成容器栽培土壤。

(2) 废食用菌棒：废食用菌棒是生产食用菌时附着的原材料，多为棉籽皮或玉米棒芯制成，有较高的持水量，质轻、间隙大、通透好、不易致密，有较好的附着肥料能力，含有害菌类少，为良好的繁殖、栽培土壤组合材料。

(3) 树皮：树皮特别是松树皮，有良好丰富的养分含量。应用前应粉碎成0.5～1.5厘米碎块，加适量禽类粪肥等发酵沤制，腐熟后与其它土壤或基质组合应用，或垫圈沤制厩肥。

(4) 锯末、木屑、刨花、小树枝：有类似树皮的性质，遇水后易沉积过密，过密后含水量大，不容易蒸发。通常与腐叶土、腐殖土等其它土壤混合成栽培土，或作垫圈沤制厩肥。对过长过大的个体应行粉碎。

(5) 谷壳、麦余 ：谷壳、麦余均为加工粮食的废弃物，有良好的排水透气性，又能保湿，也不影响混合物的pH值，有良好而丰富的营养含量，为较好组合材料。应用前应消毒灭菌或发酵腐熟，或作垫圈材料沤制厩肥。

(6) 灰炭土：又称焦炭土、熏炭土、焦糠土，是用谷壳经碳化处理而成的基质，容重为每立方米约240千克，通气孔隙大，pH值呈碱性，但经浇水后可能为中性，吸收养分差，通常作为繁殖用材料，也可组合用于栽培。

(7) 蛭石：为一种轻型建筑材料，是用硅酸盐材料经高温膨化形成一种云母状物，其容重为每立方米100～130千克，呈中性至碱性反应，容易致密。可组合或独立用于播种、扦插、埋条等繁殖基质，或组合应用于栽培。

(8) 陶粒：也是轻型建筑材料，是用黏土经过煅烧而膨化形成大小颗粒基本一致的物体，不会致密，容重为每立方米500千克，颗粒大，通透性好，不分解，无致病菌，通常用于垫盆底材料。

(9) 炉渣、炉灰：是煤经过燃烧后的废弃物，包括蜂窝煤灰、煤球煤灰及锅炉煤灰。呈碱性反应。细的可作组合栽培土壤，粗糙大粒的作垫盆底材料。

11. 盆栽菊花的土壤怎样消毒灭菌?

答：盆栽菊花的土壤常用以下几种方法消毒。

(1) 充分暴晒：这是一种既有效又经济的传统方法。在炎热夏季的晴好天气，最好在伏天进行，将土壤基质、有机肥等铺在阳光直晒的水泥地面上，厚度不大于25厘米，温度可达60℃以上，对病原菌和一些土壤害虫的若虫、成虫和其它有害动物的幼体、成体均能致死。晾晒时要多次翻动，晒成干土。恢复常温后即可应用或装入容器置干燥场地贮存待用。

(2) 高温蒸汽消毒灭菌：利用人为热空气消毒，也是沿用较早的传统方法。是将配制好的土壤放在密封的容器中，用量大可建立密封室、密封库等，加温至60℃，保持30分钟，即能杀死病原菌或土壤中线虫。业余花卉栽培爱好者，或应用盆土量不多时，也可用家用高压锅、普通的蒸笼，放入稍湿润的盆土，水沸后再蒸10～15分钟，恢复常温后即可应用。

(3) 药剂消毒灭菌：药剂消毒灭菌有很多种，各有不同特点，可依据实际情况选择1种。

氯化苦消毒灭菌：市场供应有80%及97%～99%两种剂型。应用时在温室内将盆土或苗床土按30厘米左右厚度摊开、耙平后稍加压实，再由一侧或中心线向外，按30厘米左右距离划出方格，在每格中心用肥料点施筒或木棒、竹竿等掘一小穴，穴深10厘米左右，每穴用玻璃或硬塑料漏斗灌入3～5毫升氯化苦，待渗入土壤后立即将孔穴填平。全部方格内穴孔注填后，再覆盖塑料薄膜。10天左右除去薄膜，打开全部门窗通风，待无刺激味时即可应用。

消毒灭菌时的土温最好在15～28℃，低于10℃气化不良，效果不佳。用土量不大，可将土壤装入塑料袋中，按上述比值灌入氯化苦将口密封，经7～10天后打开塑料袋，倒出土壤，待无气味时应用效果也好。

氯化苦对人畜有剧毒，每升空气中含有0.06毫克时，使人眼睛流泪，含0.075毫克时对咽喉有刺激作用，引起咳嗽，含0.125毫克时则咳嗽呕吐，经半小时至1小时死亡，如含0.2毫克10分钟后即死亡。操作时要打开门窗，操作人员必须带防毒面具、穿防护服及防护靴，身体有外伤时不能接近操作现场，其气体能引发伤口溃烂应特别注意。发现中毒应立即送医院，说明情况进行抢救，对中毒者禁止人工呼吸，可用氧气救治，并用碳酸或碳酸钠水溶液冲洗眼睛。氯化苦对铁器有强烈腐蚀作用。熏蒸时应将室内铁器移开，翻拌时用木锹。如有铁器不能移开时，应抹凡士林保护。最好由有经验的专业人员操作。个体生产者、业余花卉栽培者最好不选用这种消毒灭菌方法。

溴甲烷消毒灭菌：溴甲烷对疫病、线虫病防治效果显著，但对镰刀菌、丝核菌效果欠佳，对害虫的各个虫态均有很强的毒杀作用，对螨类杀除率也好。溴甲烷液体的沸点低，约在4.5℃，其气体比空气重2.3倍，渗透力强，故低温条件也能发挥作用。在密封条件下，夏季每立方米土壤应用20～30克，冬季每立方米30～40克。溴甲烷气体对人有剧毒，且无警戒性，严重中毒后不易恢复。一般情况每升空气中含溴甲烷56毫克时，必须带防护面具防御。溴甲烷有腐蚀性，直接与皮肤接触能引起灼伤或裂口。灭虫后未经测溴灯检查，凡未带防护面具的工作人员绝不能进消毒温室或场地，要经过24小时通风散气后才能进入温室或消毒仓库工作。一旦发现中毒症状出现，应立即送医院，说明情况进行急救，将病人放在空气新鲜的地方，头低脚高躺卧，使吸入的溴甲烷排出体外，并注射10%葡萄糖钙。应用溴甲烷土壤消毒灭菌必须在密封条件下，必须带防护面具，穿防护服、防护靴，工作时间不能长于1小时，防护面具应用前必须检测合格才能应用。由专业人员操作，个体生产者、业余菊花栽培爱好者最好不选用这种方法。

甲醛消毒灭菌：甲醛又称蚁醛，其40%的溶液称为福尔马林，是常用的消毒灭菌剂、防腐剂，对一般害虫及有害生物均有效。市场供应的商品可加水50倍，喷或泼浇于土壤中立即进行翻拌至潮湿状态，翻拌均匀后堆在一起用塑料薄膜封严，2～3天后掀除薄膜，待2～3周后即可应用。甲醛对人畜毒性不大，但气体对人有毒，不可吸入，对皮肤黏膜有强烈刺激，除由专业人员操作外，其他人最好不用。

升汞消毒灭菌：升汞又称氯化汞，杀菌力强，渗透性好，但对人畜有剧毒，通常用于小面积土壤消毒灭菌。应用时用少量温水将升汞结晶体溶解，配成1%升汞液，再按每平方米0.5米厚的土壤，分多处灌入3升升汞液，上覆塑料薄膜，密封熏蒸2周后掀开翻拌，再过1～2周后应用。升汞毒性大，必须由专业人员操作。

再次提醒，以上4种熏蒸剂必须由专业人员操作，以防万一。

甲酚消毒灭菌：用50倍稀释液，将干土喷湿后用塑料薄膜覆盖封严，2周后掀开，1周后即可应用。

硫磺粉：每1千克干土掺入1克硫磺粉，翻拌均匀后即可应用。硫磺粉有增加土壤酸性的作用。

次氯酸钙消毒灭菌：即漂白粉，是最常用的高效杀菌剂，用0.1%的量将干土浇湿，晒2～3天后再喷淋一次后即可应用，以后再在肥水中加入0.015%～0.020%的浓度应用。

硫酸亚铁消毒灭菌：即黑矾或称皂矾，在播种或扦插前可用2%～3%硫酸亚铁水溶液浇灌或喷洒于土壤，晒干后再喷湿即可应用。

12. 栽培菊花应施用哪些肥料？

答：菊花在生长发育的过程中不断地从四周环境中摄取营养成分，由空气的二氧化碳吸收碳，从水中吸收氢和氧，从土壤中吸收氮、磷、钾、钙、镁、硫、铁、硼、锰、铜、锌、钼等。

当土壤中的元素缺乏时，植株生长不良或不能开花结实，就需人为补充营养，即施肥。

常用的肥料可分为有机肥、无机肥及微生物肥料，但最常用的只有前两种。

(1) 有机肥：又称农家肥，常用有人粪尿、禽类粪肥、饼肥、厩肥、绿肥、河泥、蹄角片、毛皮肥、骨粉、鱼粕、虾糠等。有机肥是一种完全肥，含有菊花所需要的营养元素和丰富的有机质。有机肥肥效慢，但肥效长、肥效稳，故称为迟效肥。施用有机肥使黏性土能变得通透疏松，易耕，使沙性土变得有结构，有利于根系吸收利用。由于肥效慢，肥分含量少，故常与无机肥配合施用。目前市场供应的袋装有机肥多数经加工制成颗粒状或粉末状粪肥，有部分也加入适量无机肥。其中人粪尿是一种偏氮的完全肥，含氮约0.8%、磷酸0.4%、钾0.3%，还有钙、硫、铁等及其它有机质。

表1　不同牲畜粪尿的营养元素含量情况（%）

类　别	含水分	有机物	氮素	磷酸	氧化钾
牛　粪	83.3	14.5	0.32	0.25	0.16
牛粪尿	93.8	3.5	0.95	0.03	0.15
马　粪	75.8	21.0	0.58	0.30	0.24
马粪尿	90.1	7.1	1.20		1.50
羊　粪	65.5	31.4	0.65	0.47	0.23
羊粪尿	87.2	8.3	1.68	0.03	2.10
猪　粪	81.5	15.0	0.6	0.4	0.44
猪粪尿	96.7	2.8	0.3	0.12	1.0

表2 饼肥三要素含量（%）

类 别	氮	磷	钾
大豆饼	7.00	1.12	2.13
茶籽饼	4.60	2.18	1.40
棉籽饼	3.41	1.63	0.97
花生饼	0.32	1.17	1.34
芝麻饼	5.80	3.00	1.30
大麻籽饼	5.05	2.40	1.35
蓖麻饼	5.00	2.00	1.90

表3 家禽类粪营养成分含量（%）

类 别	有机物	氮	磷	钾
鸡 粪	25.5	1.67	1.54	0.85
鸭 粪	26.2	1.10	1.40	0.62
鹅 粪	23.4	0.55	0.50	0.95
鸽 粪	30.80	1.76	1.78	1.00

(2) 无机肥：又称化肥。这种肥料营养成分含量高，肥效迅速，施用方便，易于贮存，易于运输，但养分单一，不含有机物，长时间使用土壤易板结，故必须与有机肥料和多种营养元素配合施用才能获得良好效果。现将常用的无机肥介绍如下：

硫酸铵：又称硫铵、肥田粉等。含氮量20%～21%，白色粉末，吸湿量小，易溶于水，肥效快，为酸性肥料，肥效较其它氮肥长，常作追肥，用量1%～2%浇灌，或用0.2%～0.3%喷于叶面作根外追肥。

尿素：白色、圆球颗粒状，含氮量45%～46%，易吸湿，易溶于水，是中性肥料，常用追肥量为0.5%～1%，或0.1%～0.3%喷于叶面作根外追肥。

硝酸铵：简称硝铵，白色或淡黄色晶体，含氮量32%～35%。吸湿性强，易溶于水，中性反应，肥效快，易被植株吸收利用，但易爆炸和燃烧，严禁与有机肥混合放置。一般作追肥，用量为1%。

硝酸钙：白色颗粒，含氮量15%～18%。吸湿性极强，容易结块，因含钙离子，不会破坏土壤结构，肥效快，追肥常用量为1%～2%。

过磷酸钙：又称普钙，为灰白色或深灰色粉状，含五氧化二磷16%～18%。能溶于水，易吸湿结块，不宜久存，酸性反应，作基肥好，用量为土容量的1%～5%，或1%～2%作追肥，和0.3%～0.5%根外追肥。

磷酸二氢钾：为磷钾复合肥料，白色晶体，含磷53%，钾34%，易溶于水，速效，呈酸性反应。追肥常用量2%～3%，喷施0.1%～0.2%，花蕾形成期施用可促进早形成，花大色艳，茎干挺拔。

磷酸铵：简称磷铵，是氮磷复合肥，为磷酸一铵和磷酸二铵的混合物，含磷46%～50%、氮14%～18%，呈白色颗粒状，吸湿性小，易溶于水，常用量为3%～4%。

硫酸钾：白色或灰白色结晶体，含钾50%～60%，易溶于水，属生理酸性肥料，可作基肥和追肥，常用量1%～2%。

硝酸钾：白色结晶体，含钾45%～46%，氮12%～15%，易溶于水，吸湿性小，可用作基肥及追肥，一般用量1%～2%，或0.3%～0.5%作根外追肥。

硫酸亚铁：又称皂矾、黑矾、绿矾。呈蓝色结晶体，易溶于水，易氧化成铁锈色的硫酸铁，通常用硫酸亚铁、饼肥、水按1：5：200配制发酵成矾肥水浇灌缺铁植株。

硼肥：主要有硼酸，含硼17.5%，硼砂含硼11.3%，为白色晶体或粉末，易溶于水。施用方法可撒施或喷施，喷施用0.025%～0.1%硼酸，或0.05%～0.2%硼砂溶液。

硫酸锰：含锰24.6%，呈粉红色结晶体，易溶于水，常用量为0.05%～0.1%。

硫酸铜：又称蓝矾，含铜25.9%，易溶于水，肥效快，常用量为0.01%～0.5%。

硫酸锌：含锌40.5%；氯化锌：含锌48%，呈白色结晶，易溶于水，常用量0.05%～0.2%。

钼酸铵：含钼50%，呈青白色结晶或粉末，易溶于水，常用量0.01%～0.1%。

13. 同时给菊花施用几种肥料时，要注意哪些问题？

答：菊花的各个生长发育阶段，均需要多种养分，而无机肥只有1～2

种元素，为满足需要，往往同时施用几种肥料，但并不是所有肥料均可混合，需要混合时应符合下列3个条件：

(1) 混合后不会导致养分损失。

(2) 混合后改善了肥料不良的物理性状。

(3) 混合后有利于肥效提高。

表4　肥料混合应用表

品名 可否 品名	硫酸铵、氯化铵	尿素	硝酸铵	过磷酸钙	磷矿粉	硫酸钾、氯化钾	人粪尿	草木灰	堆肥、厩肥
硫酸铵、氯化铵									
尿素	✓								
硝酸铵	✓	✓							
过磷酸钙	✓	✓	✓						
磷矿粉	✓	✓	✓	△					
硫酸钾、氯化钾	✓	✓	✓	✓	✓				
人粪尿	△	✓	△	✓	✓	✓			
草木灰	×	×	×	×	✓	✓	×		
堆肥、厩肥	△	△	×	✓	✓	✓	✓	×	

注：✓可以混合施用　×不能混合施用　△混合后应立即施用

四、繁殖篇

1. 繁殖菊花有哪些方法？

答：菊花的繁殖分为有性繁殖和无性繁殖两大类。有性繁殖即种子繁殖，菊花为多年多次组合的杂合体，其子代变化非常大，且会出现劣质苗，故有性繁殖多用于选育新品种。为确保品种纯正及品种的优良性状，多选用无性繁殖。无性繁殖有扦插、压条、埋条、嫁接及组织培养等多种方法，每个方法中又有很多不同的操作方法，下面分别介绍（见图1）。

2. 菊花播种用土壤或基质有哪几种？

答：菊花播种用土壤有以下几种。

(1) 单独应用的有沙土类、蛭石等。

(2) 混合应用：细沙土、蛭石各50%；细沙土、无肥腐叶土或腐殖土各50%；细沙土、无肥腐叶土或腐殖土、蛭石各1/3；细沙土30%，无肥腐叶土或腐殖土30%，蛭石30%，珍珠岩10%。

拌均匀后经充分暴晒或高温消毒灭虫灭菌后应用。我国幅员广大，土壤千变万化，各地菊花栽培者及爱好者均有自己的一套土壤与基质搭配方法，只要疏松肥沃，通透，排水良好，都可应用。

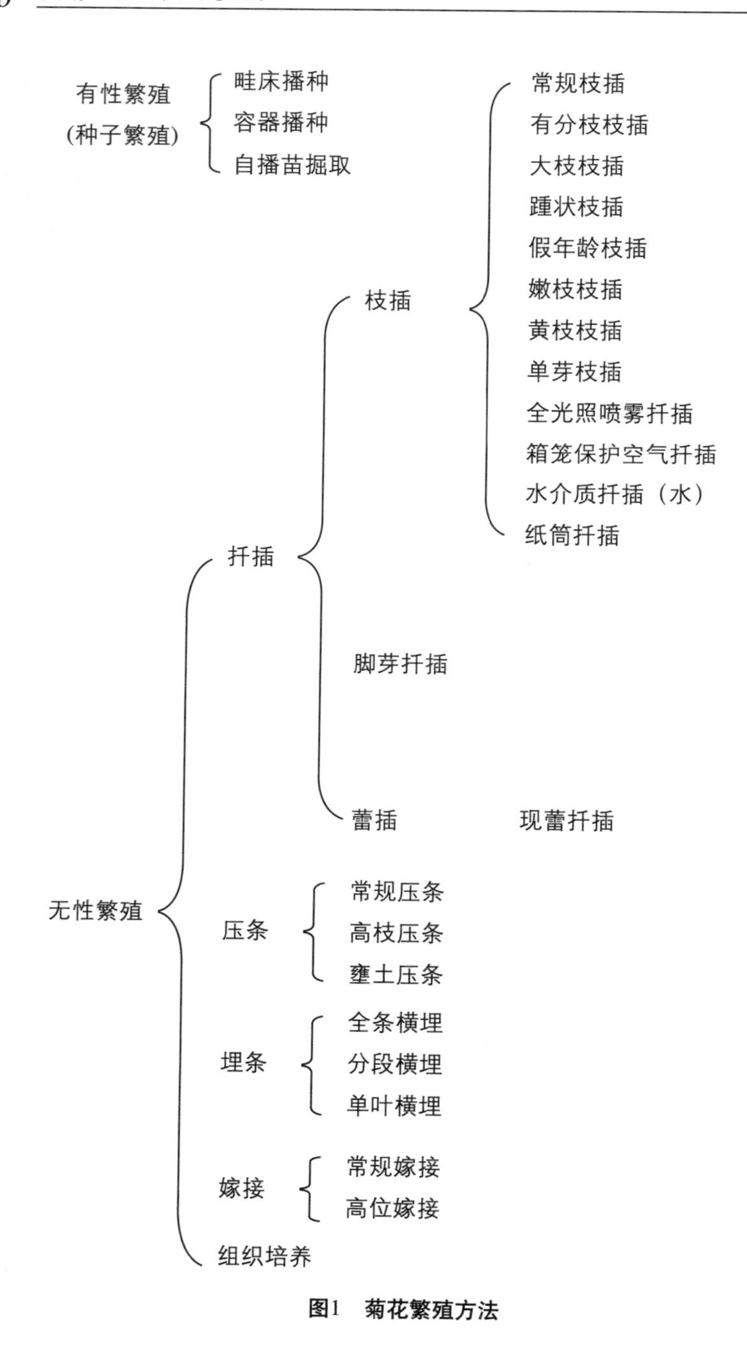

有性繁殖
(种子繁殖)
畦床播种
容器播种
自播苗掘取
无性繁殖
扦插
枝插
常规枝插
有分枝枝插
大枝枝插
踵状枝插
假年龄枝插
嫩枝枝插
黄枝枝插
单芽枝插
全光照喷雾扦插
箱笼保护空气扦插
水介质扦插（水）
纸筒扦插
脚芽扦插
蕾插
现蕾扦插
压条
常规压条
高枝压条
壅土压条
埋条
全条横埋
分段横埋
单叶横埋
嫁接
常规嫁接
高位嫁接
组织培养

图1　菊花繁殖方法

3. 怎样在温室内平畦播种菊花?

答：在温室内平畦播种菊花方法如下。

(1) 清理平整播种场地：于2～4月份将场地内的杂物清出场外，并做妥善处理，切勿清理了一处乱了另一处。整体进行平整。并将所有设施进行一次维修，并按实际情况规划出畦的位置。

(2) 翻耕叠畦：通常南北向为畦长，东西向为畦宽，尺度按播种量而定，习惯上畦长6米，畦宽1～1.2米。踏实后畦埂高10～15厘米，宽25～30厘米。杪畦埂时，由中心线两侧取土，以便平整。畦埂叠好踏实后，畦内耙平，并做出0.3%～0.5%坡度。畦土过黏，应适量加入腐叶土或腐殖土。土壤中杂物过多，应换播种土。

(3) 灭虫灭菌：不论整栋温室作为繁殖地，或部分区域甚至小面积作为繁殖用场地，均应喷洒一次杀虫灭菌剂。通常选用40%氧化乐果乳油1500～1800倍液，加75%百菌清可湿性粉剂600～800倍液；或20%杀灭菊酯乳油4000～6000倍液，加50%多菌灵可湿性粉剂800～000倍液，再加40%三氯杀螨醇乳油1000～1500倍液。配药时应每种药单独配比，最后混合在一起，并随用随配，混合药剂配对后一次用完，不可久留。喷洒应严密周到，犄角旮旯不留死角。如地下害虫较多，应浇灌一遍50%辛硫磷乳油1000～1200倍液，或40%氧化乐果乳油1000倍液，也可选用50%西维因可湿性粉剂、3%呋喃丹粉剂撒粉，每亩用量2～3千克。如有根结线虫病史地区，可选用10%铁灭克颗粒剂，亩用量2～2.5千克。

(4) 播种：播种前先浇一次透水而后播种，称为湿播；先播种后浇水，称为干播。菊花种子较小，先播而后浇水，容易将种子冲走，故多选用湿播。畦内浇透水，水渗下后将坑洼不平处用原土填平，将种子均匀撒播于土表，不覆土，或在种子内掺细沙土4～5倍后撒播，喷雾保湿。有3～5片真叶时掘苗分栽。

(5) 掘苗分栽：菊花种子均为杂合体，每一棵苗均有可能出现优良性状变异，这种变异性状在2～3片叶时不易分辨，故不作间苗，出多少苗栽多少苗。掘苗分栽前，选好室外露地栽培场地，场地宜通风、光照、排水良好，土壤疏松肥沃。一般栽培地翻耕深度不小于25厘米，黏土应不小于30厘米。翻耕中将大土块砸碎，如杂物过多应过筛或更换新土，土壤过黏，应适量加入腐叶土及沙土，并施入腐熟厩肥每亩2500～3000千克，需均匀分布于25厘米厚的土壤中。整体耙平后，按播种时叠畦的方法叠畦。畦内耙平后，由畦的一侧按30～40厘米株行距栽植。掘苗时用苗铲、小竹片或自制的掘苗工具，由畦的一侧掘苗，掘起的苗很可能是一丛，可整坨运至栽植地。栽植时按单株带部分护根土栽植于掘好的栽植穴中，四周压实。栽好一畦后立即浇透水，再栽植第二畦。为确保成活，先用栽培土分栽于小营养钵养护，苗有4～6片叶时，再进行畦栽则更好。

4. 怎样在容器中播种菊花？

答：在容器中播种菊花方法如下。

(1) 播种容器选择：播种容器可选用瓦盆、苗浅、浅木箱或苗盘、穴盘、小营养钵等，但以瓦盆、苗浅、浅木箱为最好。瓦盆选用口径16～24厘米播种。浅木箱市场无现货供应，通常采用自制，其尺度多为长40～60厘米，宽20～40厘米，高10～15厘米，长向两侧外边设提环，总之以一人能随意搬动为好。应用的容器应清洁干净无污渍。

(2) 播种土壤：第2问中的基质可任选1种。

(3) 播种场地灭虫灭菌：参照上问温室平畦播种。

(4) 播种：将容器底孔垫好后，填装土壤，随填随压实。填至留水口

1. 填装基质

2. 压实

3. 插标牌

4. 将种子撒播在盆土面

5. 盖上玻璃保湿

6. 小苗子叶出土

7. 小苗分栽后

8. 真叶长出

图2 秋菊播种方法

处，两手握盆沿上下蹾实土壤，浸透水，将种子均匀撒播于土表，或将种子掺3～5倍细沙土撒播。如果种子数量不多，或较为珍贵的种子，如定向杂交的种子、远缘杂交的种子或射线处理的种子等，最好还是费一点时间进行点播。点播方法可选用1根毛衣针或大排档烧烤的竹签子，用尖的一头沾一点清水，将种子粘在签子上，再将其点在土表，株行距2～3厘米。播后不覆土，覆盖玻璃保湿，浸水补充水分。大部分种子出苗后，逐步掀除覆盖物，加大通风量，并移至光照直晒场地，适应环境后改为喷水保湿。小苗大部分5片叶时，分栽于露地平畦中，或分栽于小营养钵中。

5. 怎样移栽菊花自播苗？

答：采种时不慎落地或自行落地发生的小苗称自播苗。自播苗移栽前，先将准备移植的自播苗浇1次水，然后整理好栽植畦地并施好基肥、灭虫灭菌。掘苗可按单株或丛株，栽植时按30～40厘米株行距单株带宿土栽植，栽植后即行浇透水。也可选用栽培土栽植于小营养钵中，每钵1苗。自播苗也是杂交种子发生的小苗，性状也多富变化，实践中也会出现好的品种。小菊类更是如此。

6. 家庭环境如何播种菊花？

答：在家播种通常数量不多，可用容器播种。如果室内光照充足，应于2～3月份播种，如果光照条件不足，应于4～5月份在室外播种。

(1) 播种容器的选择：家庭条件选用播种容器，只要洁净即能应用。如准备新添容器，最好选用16～20厘米口径瓦盆，这种口径花盆既能用作繁殖，又能用作栽培。如果播种量大，也可选用苗浅或繁殖用浅木箱。

(2) 播种土壤：家庭条件可选用沙壤土、细沙土，或细沙土和无肥腐叶土各50%，这几种土壤较为容易寻到并较为经济。

(3) 准备场地：选庭院内通风、光照良好场地进行平整，并将杂物移出场外。

(4) 播种：将盆底孔用塑料纱网或碎瓷片垫好后填装播种土，随填装随压实，填至留水口处刮平再次压实，用细孔喷头喷水或浸透水，以浸水为好，浸水后将盆内坑洼不平处用原土垫平。家庭条件种子数量不多，可使用小竹签点播，株行距2～3厘米，不覆土，覆盖玻璃保湿，这是因为菊花种子较小，看不清芽的方向，种子播下时有可能横向，也可能斜向，甚至倒向等，发芽后需要滚动翻身，最后芽向上、根向下才能开始生长，这就需要一种很大的力量，这种力量全靠幼茎及幼根弯曲的力量完成。如果覆土过厚，很有可能因翻身受阻而影响出苗，如果这个过程时间过长，甚至幼芽损伤而不能出苗。覆盖后置半阴场地。盆土缺水时浸水或喷雾补充浇水。小苗大部分发芽后掀除覆盖物，加大通风量，仍需浸水保湿，并逐步移至直射光照下，改为喷水。大多数小苗3～5片叶时分栽于露地畦内或容器栽培。

7. 秋季选购的小菊在阳台上结了十几颗种子，怎样在春季播种？

答：在阳台上开花结的种子，很可能是购买前在昆虫较多的场地已经授粉的花朵结的。阳台上栽培只要按时浇水，种子即能成熟，多数于冬季花朵全部变干后采收，采收后去杂用纸袋干藏。在南向窗台或阳台，如果光照条件好，可在2～3月份室内播种，如果光照不足最好在4月份播种。

(1) 播种容器：因数量不多，可选用14～20厘米口径瓦盆，也可选用浅木箱或硬塑料盆。盆壁必须洁净，用原栽培菊花的旧盆更应加倍冲洗。

(2) 播种用土：可选用沙壤土或细沙土，也可沙土、腐叶土各50%。土壤应充分暴晒。不能应用原栽培菊花的土壤，以防病虫害发生。

(3) 播种：将盆底孔用塑料纱网或碎瓷片垫好后，即行填播种土至留水口处，刮平压实，浸透水，盆底垫接水盘。将种子点播于土表，覆盖玻璃置半阴处，向接水盘内浇水保湿。大部分种子出苗后掀除覆盖物，逐步移至光照直晒处。有4～5片真叶时，脱盆带宿土用栽培土分栽。

8. 菊花扦插繁殖生根成活的过程、原理是什么？需要哪些条件？

答：利用菊花某个部位的营养组织，能在合适的环境中生根发芽的特点繁殖小苗的方法，称为无性繁殖。无性繁殖中选用枝条或嫩芽切成若干段后，将基部埋或插于基质中，使其生根发芽的方法称为扦插繁殖。

插穗切离母体至生根发芽的过程中，养护管理是一项非常重要的环节，生根的环境条件很重要，在高温季节，水分充足，空气湿度大，光照通风良好，土壤疏松通透，生根快，成活率高；相反则生根慢，相对成活率也较低。插穗插入土壤或基质越深，土温越低，热传导越慢，生根就越慢；反之则生根就越快。插穗脱离母体后放置时间越短，水分、养分消耗少，成活率高；放置时间越长，水分养分消耗越多，成活率越低。在良好环境中，插穗由母体切离后扦插至生根发芽，大致可分为5个阶段。

(1) 扦插初期（生命维持阶段）：自插穗剪离母体插入土中至愈合组织刚刚出现或不定根点初萌阶段，少则3天，多则10天。因品种不同，季节不同，环境不同，天数也不同。插穗刚切离母体时，插穗本身体内积蓄的水分、养分仍保留在叶片及嫩茎中，它们仍能继续进行光合作用，通过这一部分营养组织在空气中吸取水分，此时一旦失水，即出现大幅度萎蔫，故需每日喷水2～6次，低温少喷，高温多喷，并保持畦内无积水。光照强、通风量大多喷，反之则少喷。

(2) 组织愈合期（生命虚弱阶段）：扦插后的5～15天，此时插穗已将更多的养分转向愈合组织，同时还要维持自身的生命活动，插穗内的养分由于过度消耗造成极度贫乏，在外观上表现出轻度萎蔫，嫩茎嫩叶失色，呈病态状，活动机能非常虚弱。这时必须使体内水分充足，并有充足的光照，因此要视土壤含水量及空气湿度情况及时补充水分，如果水分供应不足，则会加大萎蔫程度，对愈合组织形成有很大阻碍。如果含水量过多，土壤中气孔被堵塞，刚刚要形成的愈伤组织不能正常呼吸，造成腐烂。这一阶段尽可能保持叶片呈正常状态，使其继续进行光合作用，促进愈伤组织尽快形成，或不定根点发生新根。

(3) 新根初萌期：因品种不同扦插后5～20天，随着伤口愈合及愈伤组织形成，一个新的个体即将恢复自己的生命，活动机能不断加强，叶片开始复壮，重现光泽，已显得富有生气。这个时期的水、气、光、温、湿，每个环节都非常重要，一旦掌握不当会前功尽弃。水要适中，土壤过湿，空气含量少，不利愈伤组织呼吸，且易染病害。过干，幼嫩的愈伤组织会因缺水干旱而致死。刚刚形成愈伤组织的生命个体，需要加强光照，增强光合作用，以利新根形成。与此同时应加大通风量，促进新陈代谢及对环境的适应。土温变化尽量减小，加快根的生长速度。

(4) 新芽萌动期：扦插后10～25天，愈伤组织不断增大健壮，茎上的不定根不断增多，不断伸长，开始由根吸收调节体内水分和增强光合作用，制造自己所需要的养分。新芽、新叶开始萌动生长，营养组织面积不断增大，一个独立的生命所需要的物质完全自给，但这个小生命还很脆弱，对不良环境适应性还很差。为使幼苗健壮，适应性加强，此时应除去全部遮盖物，充分受光。浇水量及次数适当减少，锻炼自生能力，以使幼苗更适应环境。

(5) 恢复生长期（复壮期）：扦插后15～30天这个阶段，新根生成，不断伸长和数量增加，新叶不断发生，不断增大，全株进入生长状态。此时除控制浇水外，还应加强光照，加强通风。如果自然温度高，土壤含水量大，光照不足，通风不良，叶节变长，叶小而薄，会给分栽后的栽培带来不利。

9. 什么叫常规枝插？怎样扦插菊花？

答：常规枝插是一种传统而古老的繁殖方法，多于春夏季，选用先端嫩枝为插穗，在畦地扦插的方法。

(1) 整理扦插畦地：选通风、光照良好，土壤疏松、肥沃、排水良好的场地，翻耕叠畦。叠好畦埂后，畦内翻耕深度不小于20厘米。土质过硬过黏应换疏松园土，换土厚度10厘米左右。浇一次透水，水渗下后扦插。如有地下害虫应预先防治。

(2) 剪取及修整插穗：选取植株先端嫩枝或枝的中段、下段，长4～10厘米左右，基部剪口距最下一个叶痕最好在1～1.5厘米。剪取后将基部叶片剪除，上部叶片再剪去叶片的1/3～1/2。基部剪口宜平滑，无毛刺、无劈裂，并按长短、强弱分开。

(3) 扦插：在畦内土表用直径稍大于插穗的木棍、竹棍、金属钎等扎孔，孔深不小于4厘米，将插穗基部放入孔内，四周压实，使其直立，浇透水，水渗下后，如有倒伏应立即扶正。这种插穗通常地下有1～3个叶痕，每个叶痕腋处有1个潜伏芽，潜伏芽附近集聚有大量养分，如果光照、水分、温度适合，在愈伤组织形成前，在叶腋处先生出1～2个新根，从而提高成活率。插穗的株行距为3～4厘米×4～5厘米。插穗成活后即行分栽。如果畦土为普通园土，成活后栽培一段时间或上蕾时移栽，株行距应为18～20厘米。

这种方法多用于秋插（伏插），以土球苗或上盆后供应市场。

(4) 浇水：扦插完成后即行浇透水，保持畦土偏湿，并每天向叶片喷水。新叶萌动后逐步减少浇水量及喷水次数。

(5) 遮光：浇透水或浇水前按畦搭支架遮阳，遮去自然光50%左右。遮阳架可选用小竹竿、小木方或直径12～16毫米圆钢作骨架，可做成拱顶也可平顶，高40～80厘米，宽与长均应大于畦，以防雨水灌入畦中。支架搭建好后，顶部铺一层塑料薄膜，薄膜上压一层遮阳物，遮阳物选用遮阳网、竹帘、苇帘等，并与骨架结合在一起。扦插苗成活后即行掀除。

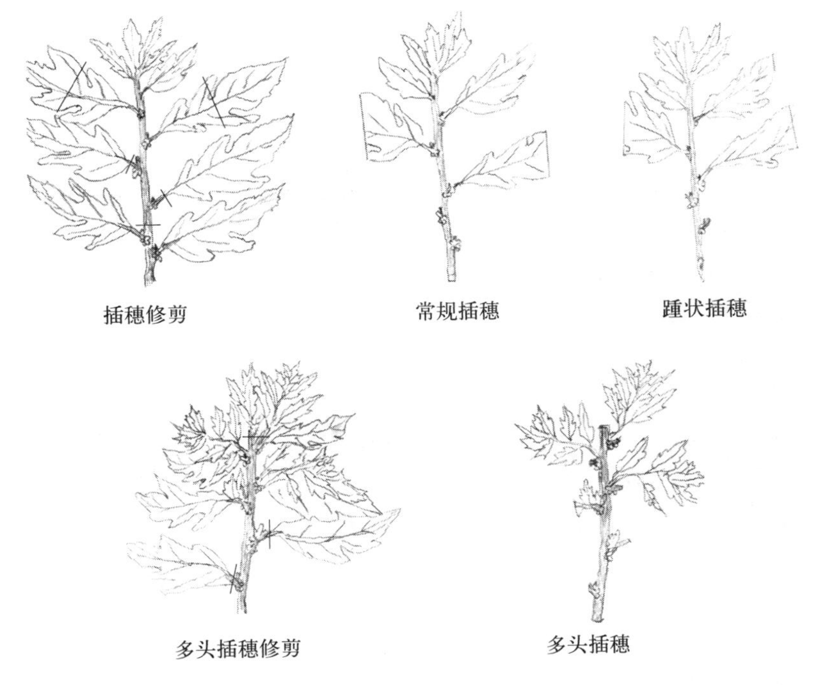

图3 常规枝插插穗修剪

10. 怎样在容器中扦插繁殖菊花？

答：在容器中扦插菊花方法如下。

(1) 容器选择：通常选用通透性较好的瓦盆、苗浅或浅木箱，也可采用苗盘、穴盘。为养护管理方便，多选用18～30厘米口径瓦盆。浅木箱用2厘米左右厚的木板制作，多采用长40～80厘米，宽20～40厘米，高10～15厘米，底要留细缝或留排水孔，长向两端设提环以便搬动。容器必须清洁干净。

(2) 扦插土壤或基质：单独应用：沙土类，蛭石等。沙土类应充分暴晒。

组合应用：细沙土或建筑沙50%，蛭石50%；或建筑沙、细沙土50%，腐叶土30%，蛭石20%。翻拌均匀经充分暴晒后应用。

(3) 修剪插穗：春至夏末，剪取先端嫩枝长8～10厘米，将基部1～3片叶剪除，上部叶再剪去1/3～1/2，基部切口至最下一片叶痕1厘米左右。

1. 选插穗

2. 剪插穗

3. 剪除基部叶片

4. 修剪上部叶片

5. 修剪好的插穗

6. 扎孔，将插穗放入孔中

7. 四周压实

8. 浇透水

图4　容器中扦插秋菊的方法

剪口宜平滑，无毛刺、无劈裂。修剪时勿使叶腋处潜伏芽损伤，并按长短、粗细进行分类。

(4) 扦插：垫好盆底孔，任选一种扦插土装填，随填随压实，至留水口处，水口从土面至盆沿1.5～2厘米。刮平压实，浇透水，水渗下后，将坑洼不平处用素土填平，再用直径稍大于插穗直径的木棍，按3～4厘米株行距在土面扎孔，孔深3～4厘米，按长短、粗细分别将插穗基部放入孔中，孔内应有叶痕1～3个或更多，扶正，四周压实，摆放于备好的半阴场地，遮阳30%～50%。并需排水良好。摆放宜整齐，应横成行、竖成线，北高南低。

(5) 浇水：摆放好后即进行浇水，初期每日喷水3～5次，因品种不同，5～15天后减少喷水次数，恢复生长后，每天喷水1～2次，并准备分栽。

11. 家庭小院条件怎样常规扦插菊花？

答：家庭小院条件选用常规扦插，较理想的方法是砌筑小扦插池，也称作小繁殖床，养护管理简便。如用量很少，也可选用容器扦插。与批量生产不同的有下列几点。

(1) 场地选择：无论建立小繁殖床还是容器扦插，均需选择树荫下、建筑物北侧，有遮荫并有防雨设施的棚架下等场地。如在光照强烈的直晒场地，应设小阴棚。

(2) 繁殖床砌筑：将选好的场地进行平整，按繁殖量需要决定繁殖床的大小，用砖石干码，不加结合层砌筑。高10～20厘米，平面通常为长方形。床内填繁殖土，家庭条件可选用建筑沙或细沙土，厚度8～15厘米。刮平压实后即行扦插。

(3) 容器扦插：家庭条件所用容器无特殊要求，浅木箱可用木质包装箱代替。所用容器必须洁净。扦插土壤选用建筑沙或细沙土，既经济又方便。如果有条件应用组合土壤或蛭石则更好。应用的容器较高、较深或高密度材质盆，最好在底部垫一层建筑用陶粒，或碎树枝、碎木屑以利排水。远距离选取插穗时，最好在选取插穗的地方将插穗修剪好，用水浸湿，再用湿麻袋片或湿棉织品包裹保湿为最好，也可装入塑料袋运回即行扦插。应用塑料袋因透气较差，有条件敞口为好，无条件敞口尽可能通风遮荫，不使阳光直晒，以防高温伤害插穗。运到后及时将其平摆在遮光的地面喷水保湿，叶片恢复正常后扦插。

12. 在阳台上怎样常规枝插菊花？

答：在阳台上枝插繁殖菊花小苗，操作方法、季节与庭院枝插基本相同。阳台方向选择上，应选南向阳台，东西向阳台只有半日光照，即便能枝插繁殖也不能栽培，北向阳台无直射光照，扦插能生根，但长势极弱，通常不作繁殖或栽培场地。阳台环境比地面空气干燥，为解决这一问题有两种方法：一是扦插完成后，将其摆放于设好的沙盘上或盆底放一个稍大的浅接水盘；其二是填装扦插土壤或基质时，只装1/2左右即行扦插，使盆壁起挡风保湿的作用。数量不多小盆扦插，放在空水族箱内，摆放在阳台之窗台上或花架上，如有条件下午16：00～17：00时后移至直晒处，第二天上午9：00前移至半阴处，生根更快。每天喷水3～4次，1周左右插穗恢复生机后改为2～3次，生根后再改为1～2次，随时准备分栽。

13. 什么叫踵状扦插？怎样修剪插穗？

答：踵状扦插为以带分枝的枝条为插穗的一种形式，插穗采用侧枝与分枝，在分叉处用手直接掰下，或于分叉下1厘米左右用枝剪剪下，再掰开作插穗的方法。因其基部似踵状，故称作踵状插穗。利用这种插穗进行扦插，称为踵状扦插。这种插穗基部体内养分集中，叶痕密集，掰取时又无刀剪压力伤害，大多细胞组织完整，故伤口愈合快，愈伤组织形成大，生根多，扦插苗成活后健壮。如果采用这种方法繁殖，除植株生长到封头高度时产生自然分枝外，也可将母株摘心，促使侧芽发生，3～5厘米长时，用手掰下扦插。采穗扦插季节多在夏秋季。此种方法多用于繁殖数量不大的名贵稀有品种。

14. 什么叫嫩枝扦插？

答：嫩枝扦插指用母株先端或腋芽作插穗进行扦插繁殖的方法。嫩枝扦插多在夏秋季进行，插穗长度多在3～5厘米。这种插穗基部叶痕多，体内含养分多。由于插穗短，插入土壤浅，生根快，多作矮化栽培。

15. 什么叫黄枝扦插？怎样修剪插穗？

答：12月至翌春3月，在黑暗或光照过弱、温度又高的环境中摆放或贮存的越冬植株，会产生黄色的脚芽或枝干上长芽，芽很快生长成枝条，这种枝条称为黄枝或称黄芽，利用这种枝条扦插的方法称为黄枝扦插。因母株存放处光照不足、通风不佳，这类失绿的脚芽或枝应随采随插，不宜放置太久。扦插后摆放于温室前口光照充足处。前期要坚持每日喷水1～2次，切勿积水。如果采下的枝条较长，茎节也长，叶片不大时，应将其按2～3叶一段切开，再将基部1片叶由叶柄基部剪除，勿伤及叶腋的潜伏芽。扦插时土表下最少应有1个叶腋痕。由于取材瘦弱，成活后应即行应用栽培土分栽于口径10厘米左右小高筒瓦盆或小营养钵中，置冷室栽培一段时间。春季自然气温夜间不低于-5℃时，移至室外背风向阳处，加强水肥管理，其长势基本与秋季脚芽扦插差别不大。如分栽成活后，在阳畦、小弓子棚内养护，则苗更粗壮。

16. 什么叫单芽扦插？怎样修剪插穗？

答：5～7月份，将母本植株的枝条按1片叶1段，用芽接刀切断。1个插穗只有1段茎带1片叶、1个腋芽的插穗称单芽插穗，用单片叶、单芽扦插的方法称单芽扦插。剪取插穗时，叶片上部茎长约0.5～1.5厘米，叶片下部茎长尽可能多留，最少应有2厘米，扦插后以便稳定，插入土壤时应将潜伏芽及叶柄埋入地下，扦插时切断的茎可直立，叶片稍偏向一侧，也可将茎斜向，叶片向上直立。这种方法多用于脚芽，或分枝少或不出脚芽及分枝的品种。也可在花期用开花枝引种。但养护较为复杂，应用不甚广泛。

17. 什么叫大枝扦插？

答：大枝扦插多用于秋小菊、三叉九顶菊。多头菊在生长期间，因人为机械损伤或地下害虫损伤茎基部，地上部分与根分离，致使萎蔫，不做处理就会全株死亡，此时应将植株由地表处用枝剪剪下，将地面喷洒药剂杀除害虫。将剪下的植株或大枝剪口处用芽接刀削平，做到无劈裂、无毛刺、无撕裂。上部枝条进行疏剪及短截，扦插后按常规扦插或全光照喷雾扦插养护。

18. 什么叫有分枝扦插？

答：有分枝扦插是将母株修剪后产生的分枝，生长到一定高度后，由分枝下剪取的插穗称有分枝插穗，用这种插穗扦插的方法称有分枝扦插。有分枝扦插的母本可在开花后露地栽植越冬，也可于春季栽植于畦地。可以是独株苗，也可为丛生苗，为了多产生插穗，多数选用丛生苗。产生插穗有两种方法：

(1) 自然分枝插穗：菊花生长至有13～17片叶的高度时，因为体内产生成花素而形成花蕾，但此时日照还长于10小时，花芽无法转化成蕾，而变成柳叶头，柳叶头下的叶腋会产生潜伏芽而萌动成枝，生长至5厘米以上时，将柳叶头剪除，再由萌动分枝下2～3片叶处剪下，经过整形修剪后常规或全光照喷雾扦插。

(2) 摘心促生分枝插穗：于花后或翌春，将丛生株或带根脚芽或单株栽植于施足基肥的畦地。通常每亩施用腐熟厩肥3000～3500千克，应用腐熟禽类粪肥、腐熟饼肥、颗粒或粉末粪肥为1500～2000千克，株行距25～35厘米×35～40厘米，保持湿润，每25～30天追肥1次。株高20～25厘米时摘心，分枝长3～10厘米时，即可由分枝下2～3片叶处剪取插穗，整形修剪后扦插。可选用常规或全光照喷雾扦插。如果分枝已经有8～15厘米长、3～5片叶时，推迟扦插，应再次摘心，待新分枝产生后再剪取插穗扦插。这种方法多用于三叉九顶菊、矮化多头菊及秋小菊、商品菊栽培。

19. 什么叫假年龄扦插？

答：菊花由幼苗生长至13～17片叶时，即能产生花蕾，这个时间段称为一个生长发育阶段，这段时间大约为3～4个月。在这个时间段内，特别后一段时间在这个植株体上部剪取的插穗，称假年龄插穗，用这个插穗扦插繁殖称假年龄扦插。这种插穗在母体上时，随着生长时间的推移，体内成花物质随之增加，如在7～8月份取穗扦插，成活后通过栽培，按时或稍推迟开花是没问题的。如果用刚刚发生的低位芽，或生长期不足的枝进行扦插繁殖，开花率就会大打折扣，甚致多数不能开花。这种繁殖方法多用于大菊矮化栽培，如案头菊、秋插栽培或小菊、小型或微型菊栽培。

20. 什么叫全光照喷雾扦插？怎样实施？

答：全光照喷雾扦插，是采用在直晒光照下不遮阳，而用喷雾保湿降温的扦插方法，称为全光照喷雾扦插。这种方法有生根快、省劳力、养护简便、成活率高的优点，是当前较先进而理想的方法。

(1) 选择平整场地：于5～8月选背风向阳、排水良好场地进行平整。规划出给水、排水、电路设施位置及插床位置。如应用次数不多，繁殖量不是太大，可只建扦插床，其它设施可适当减少。

(2) 建立给水（上水）设施：包括管道沟、截止阀井、管道、控制阀、喷水嘴、回水阀等。管道沟深度应在冻层以下，通常70～100厘米，宽度约40厘米，以施工能操作为度。如果水表井地方宽裕，截止阀井可不单独设立，与水表同井设之，独立井深度多在1.2～1.5米。在截止阀处设回水阀等装置，便于冬季防冻。出水口处设喷头，依据喷头嘴的喷雾面积，决定喷头与喷头之间的距离，依据插床面积，决定喷头设制位置与数量。每个喷头下设截水阀一个，用于调节水流量。一般情况，输水管道直径为20～25毫米，喷头管道（立管）直径为15毫米，喷头与喷头之间20～25厘米左右。为宜于调整水压及水流量，每个喷头管均由输水管道接出，不应选用每条小管串联，造成前边水流量多、水压大，后边因前边流量影响而喷雾量减少或无法喷雾。应用时，从第一个喷头至最后一个喷头调整出水量，使其出水量一致，喷雾均匀后，操作总的截水阀。回水设施设在供水管道连接处，在总截止阀出水口一端接出一个15～20厘米短管，安装一个截止阀或水龙头，冬季不用水时，将总截止阀关闭，打开回水截止阀或回水龙头，并把喷头处截止阀打开，将管道中余水放净。再次应用时，将回水截止阀或龙头及喷头处截止阀关闭，将总截止阀打开。如选用小水泵加压法，应分水路及电路两部分，水路部分由供水池、水泵、输水管道、喷头管道、调压截止阀、喷头所组成。电路部分由单相电源插板（应设有保险装置及保护地线及开关）、电源插头、胶皮电缆、定时开关等组成。水泵吸水口放入水池中或潜水泵直接放在水池内，出水口接供水管道即能产生喷雾。

(3) 建立排水（下水）设施：扦插床用水量大，应用频率高时应设排水设施。排水设施是通过排水层、排水管道、沉淀井、过滤井、贮水池等设施所组成。喷雾下渗的水通过排水层及管道流入沉淀井，沉淀井的进水口应低于出水口，将杂物沉降井底，使清水流入过滤井，过滤井进水口仍应低于出水口，使杂物滞留于井中，使基本没有杂物的水流入贮水池。各井的出水口均设有过滤网。贮水池的水可通过水泵循环利用，也可用于雨季贮水。

(4) 建立扦插床：扦插床是由砖石墙体、排水层、挡土层及扦插基质所组成。平整好地面后，铺一层塑料薄膜，其上铺满砖石（干码不垫结合层），然后砌三七墙（仍干码），底层铺10～15厘米厚陶粒，陶粒上铺一层塑料纱网，纱网上铺扦插土壤或基质10～15厘米。墙高约35～40厘米。墙外预留小排水沟，并通向排水管道。

(5) 回填土夯实：所有管道及各种井施工完成后，原土回填，分层夯实，必要时增加水夯实。

(6) 扦插：适用于5～8月所有枝插繁殖。株行距以互不搭接为准。扦插后即行喷雾。喷雾间隔时间可人工控制，也可用时间开闭器控制，每隔1～2小时喷雾3～5分钟，夜间停喷。愈伤组织形成或已经生根后，改为1日喷2～3次，逐渐改为每日1次，并准备分栽于畦或容器中。

21. 怎样简易应用全光照喷雾扦插？

答：如果无条件建立正式全光照喷雾插床时，可选择背风向阳、排水良好场地，平整后铺一层塑料薄膜，在塑料薄膜上用砖干码一个池子，墙高25～30厘米，池内填满经消毒灭菌的建筑沙，刮平压实即为简易插床。将修剪好的插穗，以叶片互不相搭为株行距扦插，或选用浅木箱、苗浅、苗盘为容器，填装扦插土壤或基质，将插穗插入容器内的土壤或基质中，然后连容器放置在插床内，用人工喷雾，每30分钟至1个小时1次，或叶表无水痕时再喷，夜间停喷。叶片恢复生机后，逐步减少喷雾次数，生根后改为1天2次或1次，并随时准备移栽。

22. 什么叫箱笼空气扦插繁殖？怎样实施？

答：箱笼空气扦插繁殖，指插穗在高温、高湿的塑料薄膜箱笼内的特定环境条件下，形成愈伤组织或生根的方法，称为箱笼空气扦插繁殖。这种繁殖方法于5～9月进行。

(1) 选择平整场地：选背风向阳、排水良好场地进行平整。确定位置后，按需要面积大小用砖围一圈矮墙，高2～3块卧砖，习惯上采用1.5米长、0.6米宽的池。围砖池内填8～10厘米厚建筑沙，填沙前铺一层塑料薄膜，四周边缘拢起，压在第二块砖下，使池内形成一个不漏水的沙池。

(2) 制作保湿箱笼：箱笼骨架用25～30毫米×25～30毫米小方木，或直径12～16毫米圆钢或½寸金属管制作。如果按习惯尺度制作，应为长1.5米、宽0.6米、高1.5～1.6米框架箱，在距沙面以上0.3米、0.5米、0.7米、1米处，在立柱上安装网架托一个，为支撑网架用，网架为2～2.5厘米见方孔目的钢网焊接，如插穗较小，可选用1厘米见方孔目的钢网，并可自由装卸。四面用塑料薄膜封严，北面留活动帘，并在薄膜上设遮阳网。

(3) 扦插及后期养护：将最下一层钢网装入箱笼内，将修剪好的插穗基部向下放在网孔中。放满一层后放第二层。全部放满后向所有插穗喷雾，并将地面沙池中灌满水，将北面活动帘封严。每天早晨及傍晚喷雾1次，如有条件白天加喷2～3次则更有利于愈伤组织形成及新根发生。生根快慢与温度、湿度、品种有关。箱内温度在24～26°C，相对湿度90%以上时，最快3天即可见生根点，最慢的要十几天。实践中品种越新生根越快，品种越老生根越慢。生根后即可分栽。由于插穗是在高湿环境中成活的，体内含水量相对较多，分栽后应遮阳，而后逐步移至光照直晒场地栽培。

23. 什么叫纸筒扦插？怎么扦插？

答：利用废报纸、废挂历卷成纸筒做容器，筒内装入扦插基质，将修剪好的插穗扦插于基质中的扦插方法称为纸筒扦插。纸筒扦插多在5～9月，在温室内或露地或小繁箱内（可参照箱笼空气扦插箱尺度制作）进行。多用32开纸卷成筒后，将一端内卷弯曲成底，筒内装入任选一种扦插基质，将修剪好的插穗扦插于纸筒内，直立摆放于扦插场地，每个筒相互依次挨紧放置好后，即行喷水，保证叶片明水消失后即喷。小苗新根扎出纸筒外，即用栽培土壤栽植。

24. 什么叫水插？怎样扦插？

答：以水为介质，将修剪好的插穗基部浸于水中，使其生根成活的方法称为水插。水插多在高温季节进行，是扦插中简便易行的方法。要求水质清洁，盛水的水池、水缸或其它容器应用100倍高锰酸钾水溶液擦洗后再灌水，换水时尽可能减小水的温差，故宜早晨换水。

(1) 漂浮法：支撑材料选用厚度1～2.5厘米废泡沫塑料板，板的几何形状不必考虑，只要一面平整即可应用。在板面上按2.5～4厘米株行距用金属钎扎孔，孔的直径应稍大于插穗基部的直径，通常在0.5～1厘米之间，如有条件应用压孔刀压孔则效果更好。泡沫塑料板不宜过厚，越厚通风越差，容易发生腐烂。将修剪好的插穗基部置入孔中，使插穗基部穿过泡沫塑料板，并露出0.5～1厘米接触水面。扦插后及时置于直晒或有遮光的水池、水缸中，有条件向插穗喷雾，则生根更快。

(2) 网浮法：将金属网或竹木编织的网，用支杆支架在水池、水缸等水面上，将插穗基部置入网孔中，并勤向插穗喷雾促使生根。

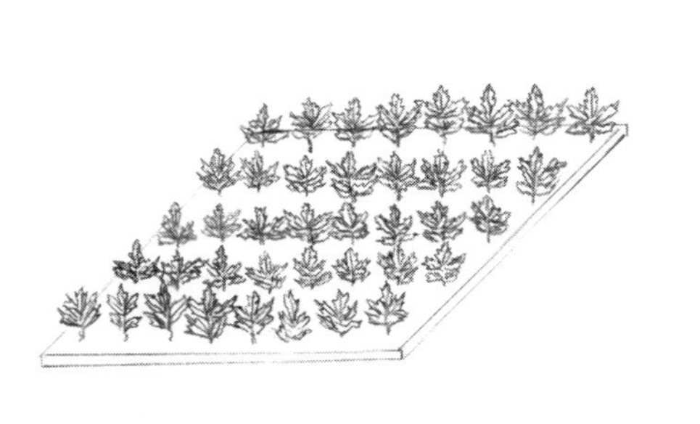

漂浮扦插

水面

泡沫塑料板

水面下生根情况

生根后的插穗

图5　水　插

(3) 浸泡法：适用于繁殖量不大或某种观察试验。其方法是利用小玻璃瓶或小塑料瓶，将软木塞穿孔，将修剪好的插穗固定在孔中，再将木塞盖于盛好水的瓶口上，使插穗基部浸泡于瓶内水中。此法因瓶内盛水量少，升温快，生根也快。如选用大口径瓶时，可在瓶口处设金属网、竹木编织网或扎孔的泡沫塑料板作固定支撑，将修剪好的插穗基部置于网孔，基部插入水中1～2厘米。小容器扦插最好1～2天换水1次，防止水变质而造成插穗腐烂，并需放置于半阴环境中。

水插的插穗是在高温、高湿环境中成活的幼苗，体内含水量多，一旦干旱将前功尽弃。故生根栽植后，应置阴棚下养护，通过一段时间适应后，再逐步移至直晒下栽培。

25. 什么叫现蕾扦插？怎样扦插？

答：现蕾扦插指秋季枝先端已经出现花蕾，用这种枝条作插穗进行扦插繁殖的方法称为现蕾扦插。这种扦插繁殖只限于小菊类，中菊、大菊类开花效果不好。用作采插穗的母本最好畦地栽培，经多次摘心，于秋季剪取带花蕾的先端枝、侧枝、分枝作插穗。扦插与造型同时进行。用于小型、微型盆栽时，最好选用有分枝的插穗，用于组合造型的，可选用有分枝或无分枝插穗。如在浅盘中布置半球造型，将盘内填入土壤后浇透水，铺一层青苔、地衣等，先插最高的一枝，而后向四周扩展，最后扦插边缘，置温室光照充足处，成活后浇1～2次液肥。

26. 什么叫脚芽扦插？在容器中怎样扦插？

答：秋冬之际利用基部或土面以下蘖生的嫩芽（俗称脚芽）切取后作插穗的方法称为脚芽扦插。脚芽扦插切取插穗时正值开花时期，故品种准确，并有病虫害少、生根容易、成活率高、易运输等特点，是目前标本菊应用最广泛的繁殖方法。

(1) 选芽时间：通常在10～12月间，最晚应在翌年2月。当脚芽节间伸长长成枝后，应改为枝插方法进行繁殖。

(2) 选芽部位：秋菊脚芽一般在花蕾形成前发生，如果发生过早，会与开花枝争夺养分，影响开花质量，应进行剪除。剪除后，相继于开花前再次发生脚芽，此时的脚芽节间短且茁壮，体内贮存养分多，具有较强的活力，是选取插穗的主要来源。距茎基部远的远距芽，因地下走茎长，潜伏芽多，甚至有的已经发生新根，切取容易，是理想的插穗材料；靠近茎基部发生的脚芽，地表下走茎短或无走茎，潜伏芽相对也少，切取也易伤母本根系，发生地下芽必然也少。基部茎上发生的芽也可利用，这个部位的芽相对较弱，叶节间较长，最好用手直接掰下进行踵状扦插，由于伤口面积大，养分集中，成活率高，也利于翌年翻头。致于封头植株发生的脚芽经扦插、分株等盆栽地植多年，生长、发育、开花与地生芽区别不大，完全可以利用，且这类芽成活后多数更健壮，根系更发达。

(3) 插穗切取方法：用作插穗的脚芽，在切取时应采用利刀切取，尽可能不用剪刀剪取。因为用刀切下的幼芽创伤面小而平滑整齐，细胞组织面相对完整，受有害菌侵染机会少，伤口易愈合，愈伤组织形成快，成活率高。而剪刀剪取，剪口附近组织受到破坏，影响成活。如果选用地面以上茎干上或茎干基部发生的小侧芽作插穗时，可直接用手掰下，进行踵状扦插，因此处贮存养分丰富，节间短、潜伏芽多、愈伤组织易形成、生根快、成活容易，栽培后生长发育与常规脚芽无大的区别。但这类芽或枝，如果已接受短日照过程或受成花素影响，有可能成活后即产生花蕾，有时还能开出完整的花，遇到这种现象，只要把花蕾摘除，发生侧枝后即能恢复正常生长，不会影响以后的生长发育及良好开花。

选取脚芽宜在生长健壮、无病虫害的植株基部采取。切取的刀具可用竖刀（又称修脚刀或削铅笔刀）或芽接刀，或用钢锯条自制的专用刀具。切取时一手握脚芽，一手握刀具，在预测脚芽地下走茎位置处（此处多在母本茎干至脚芽出土位置的中间处），用竖刀与地面呈90° 角垂直下切，通常下切时感觉有障碍时即为地下走茎，继续下切即能良好切下，握苗手上提即能拔出插穗。应用芽切刀切取时，先由预测地下茎位置横向一侧下刀，再向走茎方向切压，即可将插穗完整切下。不论选取哪种方法，应尽可能少切断根系。

(4) 修剪插穗：将切下的插穗基部切口削平，切口无劈裂、无毛刺、光滑平整，将基部较大叶片切除，中上部叶片较大时，剪或切去1/3～1/2，并按强弱、大小、长短分开，并做品种标记。

(5) 扦插容器选择：容器选用通透性较好的瓦盆、苗浅、浅木箱等。选用口径10～16厘米瓦盆时，为保持品种正确，每盆扦插1个品种，并插品种编号名称标记牌。苗浅口径多在32～50厘米，繁殖量较多，多用于几个或十几个品种共用一盆，并分别设品种编号或名称标记牌。浅木箱市场无成品供应，可自行制作或请木器加工厂或木桶销售商制作。其尺度可根据场地情况或繁殖量而定，习惯上常选用长40～80厘米，宽20～40厘米，高8～15厘米，长向两边外侧设手提环，箱底留一定缝隙或排水孔。应用旧容器必须保持洁净。

(6) 扦插土壤选择：通常选用沙土类，或沙土类、腐叶土（包括腐殖土、废食用菌棒）、蛭石各1/3。需经充分晾晒、消毒灭菌。

(7) 扦插方法：将容器垫好底孔，填装扦插土，随填随压实，填至留水口处。水口从土面至盆口1～2厘米，浸或浇透水。用直径稍大于插穗基部直径的木棍、竹棍或金属钎扎孔，孔深3～4厘米，或以插穗能压实后直立为准，株行距3～4厘米，将插穗放置于孔中，四周压实。插好品种编码或品种牌。扦插时，壮苗与壮苗、弱苗与弱苗插在一起，免得成活时间不一，成活后壮芽苗更壮，弱芽被挤压得更弱。扦插操作时，装好土壤后即行浇水，然后扦插称湿插，先扦插后浇水称为干插。干插与湿插对插穗成活率没有影响。干插时因土壤干燥疏松，扦插后易倒伏或移位，所以盆土一定要压实，插入土壤深度也应深一些。湿插因浇透水后扦插，插穗基部接触土壤部位易产生不实，除四周压实外，还应再次浇水压实。

(8) 摆放要求：秋冬之际，阳光照射角度较低，自然气温凉爽，摆放时必须摆放在阳光充足场地，以增加温度。摆放场地通常分为冷室、阳畦、小弓子棚等。在冷室内摆放，东西两侧墙下预留40厘米宽养护通道，南边窗下无光照处预留30～40厘米空间，北侧预留1.3～1.5米运输通道。东西横向依据容器大小摆放4～8盆，应用浅木箱最好不超过3箱，南北长向依据温室进深而定，摆成一方，方与方间最少应留40厘米宽操作养护通道。摆放前应喷洒一遍灭虫灭菌剂，习惯上选用40%氧化乐果乳油1000～1500倍液加75%百菌清可湿性粉剂600～800倍液，或20%杀灭菊酯乳油8000倍液加70%甲基托布津可湿性粉剂1000～1200倍液，喷洒宜细致，不留死角。如果地下害虫较多，或有线虫病史地区，还应撒10%铁灭克颗粒剂或3%呋喃丹微粒剂，亩用量2.5～3千克。喷或撒药无刺激气味后，即可摆放。摆放在小弓子棚或阳畦时，因畦棚边缘限制，应摆放在有光照处，无光照处弃之不用。

(9) 浇水：选用喷水方法，摆放好后即行喷透，前期每天喷水1～2次，逐步改为1次。生根后土壤不干不浇，恢复生长后保持偏干。

(10) 覆盖保温：摆放整齐浇透水后，如果自然气温仍在10°C以上，不必覆盖，自然气温夜间3°C以下时覆盖塑料薄膜，白天掀开放风。自然气温低于-3°C时，塑料薄膜上夜间加盖蒲席、厚草帘或防寒被，白天仍需掀开，雨雪风天气可不掀。雪后及时除雪。已经生根的苗，冬季盆土不过干不浇水。翌春白天5°C以上，掀开覆盖物，加大通风量，夜间不低于-3°C不再覆盖。并将覆盖保温物整理好入库收藏。

(11) 追肥：撤除覆盖物后追液肥1次，准备分栽。如果室内有条件，扦插苗生根后即可分栽，分栽后长势更好。

27. 怎样在温室内平畦扦插繁殖菊花幼苗？

答：温室内平畦脚芽扦插与容器脚芽扦插操作上基本相同。

(1) 平整场地：将场地内的杂物、杂草清理出场外，并做妥善处理。将地面进行平整，做成0.3%～0.5%排水坡度，喷洒一遍灭虫灭菌药剂，地下害虫多或有线虫病史一并防治。

(2) 设施维护：扦插前对所有设施进行一次检查维护，其中包括门窗、给排水设施、通风设施、备用供暖设施、保温设施等。需要新增设施也应在平整场地前实施。

(3) 耖埂叠畦：按插穗量的多少划定畦地，一般宽1.2～1.5米，长按温室进深能利用的地方耖畦埂。畦埂踏实后高15～20厘米。将畦内土壤清理出一部分，畦底耙平压实后，更换扦插土，厚度约10厘米。如果无条件更换扦插土，应进行翻耕，土壤中有杂物时应过筛，翻耕深度不小于15厘米。或场地平整后用砖石干码成15～20厘米浅池（即扦插繁殖床），池内填扦插土壤，耙平压实后待用。

(4) 扦插：剪取插穗，修剪插穗与脚芽容器扦插相同。畦内浇透水。浇水时在管道出水口处垫一块草垫，将水浇在草垫上，通过草垫降低水压，分散水流后流入畦中。或采用喷淋方法使畦土湿透，以免将畦土冲向其它地方。水渗下后，将因压实不够造成的下陷地方用原土填平。在扦插土土表用直径0.8～1厘米木棍、竹棍或金属钎等工具按5～8厘米×8～9厘米株行距扎孔，孔深4～5厘米。如果在不换土的畦中扦插，株行距按8～10厘米×10～12厘米，将插穗基部置入孔中，四周压实使其直立。一畦扦插完成后，即行二次浇水，水渗下后检查如有倒伏应及时扶正。前期每天喷水1～2次，生根后保持畦土湿润，恢复生长后保持偏干。扦插后至愈伤组织形成，土温最好保持12°C以上，土温高生根快，土温低生根慢，故秋冬季扦插越早生根越快，越晚自然气温随之降低，生根越慢。

菊花脚芽生命力很强，有的切取即带根或生根点，在低温下虽然暂时不能生根，但不会枯死，宿根芽在华北地区露地越冬，在温室内畦床扦插，由于地面较大，降温慢，水分调节较适合，故不必考虑生根早晚，当然生根越快危险期越短，成活率较高。品种越新，长势越健壮，脚芽发生率就越高，扦插后成活率就越高，栽培也就最容易；相反，在较老的品种切取的脚芽相对生根较慢。

最好生根后即行分栽，扦插苗分栽时通常裸根掘苗分栽，在不换土的原畦土中，扦插苗带土球掘苗分栽。分栽在1～4月进行。

28. 怎样在阳畦中用脚芽扦插繁殖菊花小苗？

答：阳畦或称冷床，有选场地方便，能节省温室，简单易行，用后即行填埋，不占栽培场地，成活后苗期易于控制徒长，小苗健壮等优点。选用脚芽扦插，多在11月份，最晚不晚于12月份。

(1) 平整场地，掘挖阳畦：选择背风向阳、排水良好场地，将场地中杂物清理出场外，耙平。按东西为长向，南北为宽，通常按一领蒲席长宽稍小一些为尺度，定点放线。如果土壤中含水量较少，可按线先耖叠畦埂，并将其拍实，灌一次透水，浇水后次日掘畦床。于标定线或畦埂内将畦内土壤堆向北侧及东西两侧，随掘挖堆放，随切齐拍实，使畦壁与自然地面保持90°角，叠挖至北面墙垂直深度达到30～35厘米，南面20～25厘米，东西两面与北面、南面相交，使阳畦侧面呈斜坡状。将畦底清铲成水平面，与畦壁呈90°角，并夯实，填8～10厘米厚扦插土壤或基质，通常选用细沙土或建筑沙。

(2) 扦插后养护：脚芽采取、扦插、浇水等与容器脚芽扦插相同。扦插完成浇透水后，畦面上南北向搭横杆为支架，横杆长度比阳畦的宽再多60～100厘米，使搭在畦面上的长度不小于30厘米，横杆间距40～60厘米，两端应埋于地下与地面相平，横杆上覆盖塑料薄膜，薄膜的长宽宜大于阳畦，四周用压膜绳或压土封严。自然气温夜间低于-3° C时，再覆盖蒲席、草帘或防寒被，白天掀开蒲席等，使其充分受光。除雨雪、大风天气外，夜盖昼掀，并保持畦土湿润状态。恢复生长后，保持畦土偏干，不干不浇水，浇水选晴好天气中午。翌春2～3月加大通风量，夜间气温-5° C以上时不再覆盖蒲席，并逐步撤除塑料薄膜，并准备移植分栽。分栽后将畦床回填夯实，仍作栽培场地。

29. 怎样利用小弓子棚进行菊花脚芽扦插？

答：小弓子棚又称滚笼，是在露地平畦上搭建一个简易的塑料薄膜棚，保湿、保温、防风，用于菊花的脚芽扦插设施，其优点同阳畦栽培。

(1) 平整场地、耖埂叠畦：选背风向阳、排水良好的场地进行平整，平整后就地叠畦。畦的长宽尺度可根据具体情况而定，但习惯上宽1.2～1.5米，长6～8米，畦埂踏实后宽35～40厘米，高15～20厘米。畦内换土或不换土，如果换土时深度8～10厘米，不换土时翻耕深度15～20厘米。耙平压实浇一次透水。

(2) 建立小弓子棚：采脚芽、扦插、浇水同冷室脚芽扦插。扦插完成后，用直径12～16毫米圆钢或金属管、或竹劈、小竹竿制成倒U型支架，高1.2～1.6米，宽按畦埂内宽度，以50～100厘米间距将倒U型支架两端埋入土下，深度25～40厘米，再用同样材料或8号（直径4毫米）镀锌铁线纵向将其捆牢，纵向拉带在顶端及两侧，及地面上各设1条（共5条）。骨架上覆盖薄膜，再覆盖蒲席等。其它工序同阳畦扦插。

30. 平房小院如何利用菊花脚芽扦插繁殖？

答：在平房小院利用菊花的脚芽扦插繁殖小苗，可依据实际情况选用容器、小阳畦、小繁殖箱等多种方法。多在冬季进行。

(1) 容器扦插：

容器选择：扦插用的容器只要清洁干净、便于排水即可，如果新添置容器，可购买口径10～20厘米瓦盆、苗浅，或自制浅木箱等。苗浅是专供花卉育苗的瓦盆，通常高8～10厘米，口径30～50厘米，有3～4个底孔。浅木箱市场无现品销售，可选用18～20毫米厚的木板自行制作，长宽尺度按需要而定，习惯用长40～60厘米，宽20～30厘米，高10～15厘米，长向两侧外边宜装提环，以便搬动，底部留排水缝隙或钻排水孔。或用旧木质包装箱改制。

扦插土壤：通常选用沙土类，如建筑沙、细沙土（松沙土或紧沙土）、沙壤土等。也可应用细沙土、蛭石各50%；或细沙土、腐叶土各50%；或细沙土、腐叶土（腐殖土）、蛭石各1/3，经充分晾晒拌均匀后装入容器应用。如果应用高筒容器时，也可选用双层土壤扦插，即垫好容器底孔后装栽培土壤，至盆高的1/2左右，上部填装扦插土壤，将脚芽扦插于扦插土壤中，一旦生根，根部即能进入有肥的栽培土壤中，使小苗有足够的养分吸收利用，使小苗更健壮，可推迟分栽，这种方法应用的土壤必须经充分暴晒或高温消毒灭菌后应用。如果利用高密度材质花盆时，盆内底部应铺一层3～5厘米厚陶粒、碎木屑、炉渣等排水层，排水层上填扦插土层，进行扦插。

切取、修剪插穗及扦插：切取及修剪插穗、扦插等与前几问扦插无大区别，可参照切取修剪。

扦插后养护：扦插好后，可摆放于建立的小阳畦或小繁殖棚中，或放置在有阳光处的台阶、明台上。小阳畦多在背风向阳的窗台下或不妨碍生活活动的地方，用砖砌一小池，池壁墙高30～35厘米，或高于扦插容器10～15厘米，长宽可依据实际需要而定，有条件时，池底垫一层建筑沙，或将池底垫平，将插好插穗的容器放置在池底有光照的平面或沙面上，浇透水同时将池底喷湿，保持盆土及畦底潮湿，覆盖塑料薄膜，也可不覆盖，但每天喷水2～3次。自然气温夜间-3° C时加盖草帘，晴好天气白天掀开，夜间覆盖。生根后保持土壤偏干，减少徒长机会。如果长势过强，枝条细长，可留2～3片基部叶，将上部剪下，仍做扦插繁殖。3月中下旬自然气温夜间不低于-5° C时，不再覆盖蒲席，只留塑料薄膜保护，并加大通风量，3～5月分栽。如果没有或不便应用容器扦插时，也可将畦底垫

8～10厘米厚扦插土，直接按8～10厘米株行距扦插，成活率也有保障。

(2) 选用小繁殖箱进行脚芽扦插繁殖：

与小弓子棚原理相似，只是在露地容器或沙床扦插后，用小塑料薄膜箱扣严。在院内选背风向阳场地，平整后砌一个小砖池，尺度大小按需要而定，但不宜过大，过大操作不方便。习惯上长不超过1.5米，宽0.4～0.5米。池壁选用原地土壤作结合层或干码不用结合层，池高15厘米左右，池内填入建筑沙或其它扦插土壤，刮平压实。薄膜扦插箱框架可用木条、小竹竿或12～16毫米直径的圆钢制作，长宽以正好套入扦插池外壁为度，高度30～40厘米，框架外蒙覆一层塑料薄膜。将扦插好的容器放置于扦插池内，或在扦插池内铺8～10厘米厚扦插土壤，将插穗直接扦插于床内，株行距8～10厘米，浇透水后将薄膜扦插箱扣在池上封严，保持盆或池土潮湿。生根恢复生长后，改为偏干。自然气温低于-3° C时，再覆盖蒲席或保温被，夜间覆盖，白天掀开，使插穗充分受光。发现杂草及时薅除。翌春自然气温不低于-5° C时，不再覆盖蒲席，加大通风量，逐步掀除塑料薄膜并准备分栽。

(3) 选用无保护容器扦插：

用容器扦插后，即放在直晒光照下，喷或浇透水，保持盆土潮湿。风天、干旱天气多喷水，并增加次数。自然气温低于0° C时，晚上盖塑料薄膜，白天掀开充分受光。晚间低于-5° C，移至室内，白天仍移至室外。白天0° C以下，置室内阳光充足场地，不再移至室外，并控制浇水，不干不浇。翌春自然气温白天3° C以上移至室外，夜间仍移回室内，夜间自然气温高于-5° C时，置背风向阳场地，不再移至室内，并准备分栽。

31. 怎样在敞开阳台上用容器扦插菊花脚芽？

答：秋冬季节在阳台上扦插菊花可按下述操作。

(1) 容器选择：最好选用口径10～12厘米花盆、30～40厘米苗浅或有盖的塑料泡沫箱。容器应清洁完整无污渍。

(2) 扦插土选择：选用建筑沙、细沙土、沙壤土。土壤必须经充分暴晒或高温消毒灭虫灭菌。

(3) 修剪插穗：依据插穗长短、大小分别修剪，插穗基部必须平滑无毛刺、无劈裂，较长的可适当切去一部分。如果脚芽较小，叶片不大可不修剪，如果叶片较大，应将叶剪去1/3～1/2。

(4) 扦插：容器垫好底孔后，填装扦插土，小盆下垫一接水盘，苗浅或塑料泡沫箱可不垫。应用小盆及苗浅装土至留水口处，应用塑料泡沫箱装土按箱高而定，最好能保持有6～8厘米土深。刮平压实，浇透水，以叶片互不影响光照的株行距扦插。扦插时先用直径大于插穗基部的木棍、竹棍等扎孔，将插穗基部置入孔中，立直后四周压实，再次浇透水，置南向阳台光照充足处，喷水保持湿度。生根后逐步减少浇水或喷水次数，使土壤偏干。

(5) 后期养护：小盆扦插苗、苗浅扦插苗当自然气温夜间降至0°C以下时，移至塑料泡沫箱内，上面覆盖塑料薄膜，塑料泡沫箱内扦插苗也同样覆盖，仍在敞开阳台光照充足处不移动。自然气温低于-5°C时加盖保温被，如塑料泡沫箱有盖，可直接覆盖保护。如无条件设置塑料泡沫箱时，可用塑料袋连同花盆罩严，也能安全越冬。翌春3月加大通风量，逐步撤除覆盖物，准备分栽。

32. 怎样在封闭阳台上利用脚芽扦插菊花？

答：封闭阳台场地狭窄，光照受限，只能选择南向阳台或窗台，并选用口径10～20厘米瓦盆，土壤选用建筑沙或细沙土，扦插好后将其连盆装入备好的塑料袋，上口敞开，浇透水置光照充足处。前3～7天每天用小喷雾器向叶片喷水1～2次，3～5天转盆1次，1周后盆土保持湿润。新叶萌动后除去塑料袋，盆土保持偏干。家庭环境室内温度、空气湿度无法控制，会使小苗徒长，如果有条件移至敞开阳台则最好，无条件移至室外或敞开阳台时，只有用修剪、摘心等方法控制徒长，修剪下的枝条仍可作扦插插穗。

33. 怎样邮寄菊花脚芽？

答：邮寄菊花脚芽的季节多在11月至翌年1月。切取的脚芽应在盆土干燥无明水情况切取，这是非常重要的环节，否则会引发腐烂。伤口处稍干后，用纸卷裹，并用纸签标好品种名称，或装入小塑料袋，最后集中装入木制包装盒，即可邮寄。这个季节气温低，通常1周左右邮程，不会出问题。

34. 花友由南方用信封寄来几个菊花脚芽，收到后已经严重萎蔫，应怎么挽救？

答：收到后取出脚芽，置于备好的清水中浸泡10～20分钟，取出放置在温室内潮湿地面上，用湿编织物覆盖，待叶恢复挺拔后，即可按常规扦插，成活率不会太低。

35. 什么叫埋条繁殖？怎么埋条？

答：埋条繁殖又称营养枝横埋繁殖，是对不易或很少发生脚芽的品种补救的方法，即将开过花或未开花的枝条横埋于土壤中，使潜伏芽萌动产生新芽后，按单株分栽的方法称为埋条繁殖。

可在畦地里埋，也可用容器埋条。埋条繁殖数量不大时，可选用温室前窗的畦头，量大时也可选用平畦。埋条适用于各种菊花和其它草本花卉，也可在温室、露地及阳台上进行。

容器埋条：容器应选用口径18厘米以上花盆、苗浅，或浅木箱，以浅木箱为最好。埋条用土选用经充分暴晒的建筑沙，营养枝选用带叶片或未开花的成熟枝。操作时将垫好底孔的容器填装土壤至盆高的1/3～1/2，刮平压实后，将枝条盘于土面上，并于节间不剥皮环切一刀，并使叶片全部向上，用扦插土将茎干埋实，覆土厚度1～1.5厘米，再次压实浇透水，置温室中前口光照充足场地。一般情况下，潜伏芽发芽整齐。待新芽3～5片叶时，脱盆按单株剪离，另行栽植。

平畦埋条：数量不多，可利用光照充足的边角，数量大时利用平畦。利用前窗下畦头空地，或有充足光照的边角时，用苗铲掘一条10～15厘米深、10厘米左右宽的小沟，将土堆在长向两侧，踏实刮平作畦埂，沟内填建筑沙，将环切的插穗埋于建筑沙中，全部叶片直立外露，浇透水后保持偏湿，10天后改为湿润，新叶展开后畦土偏干。3～5片叶时，用枝剪由地下按单株剪开，掘苗移栽。整畦埋条时，按宽1.2～1.5米，长按温室进深

（约4～6米）叠畦，畦内翻耕深度15厘米左右，土质优良疏松时可不换土，土质差时换建筑沙或其它扦插土，将环切好的枝条埋于畦中，行距10厘米左右，四周压实浇透水。其它与上述相同。

36. 怎样横埋压条？

答：横埋压条多用于花后脚芽插穗不足。将开过花的老干脱盆除去部分宿土，将老茎按叶节环切。在温室光照充足处叠畦，再将植株横放，根部壅土埋严，呈一小丘状，茎部掘小沟，将茎横埋于沟中，叶片全部直立

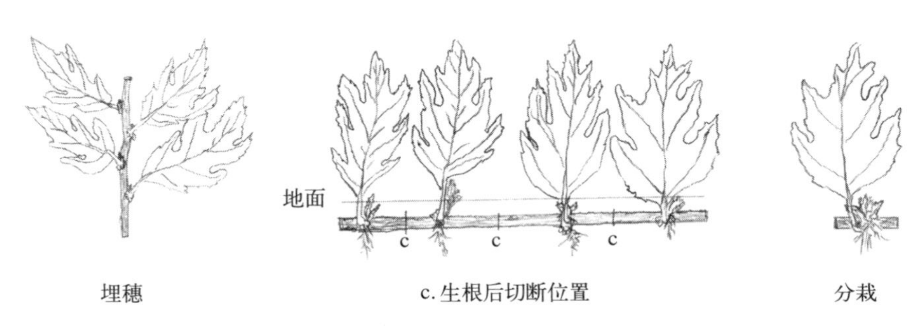

图6　横埋压条

露出土表，压实刮平，浇透水。前期保持潮湿，10天后改为湿润，新芽出土，叶片放大后改为偏干。3～5片叶时掘苗按单株切开栽植。在埋条后的过程中，茎基部仍会发生脚芽，可随时切取扦插。

37. 怎样常规压条繁殖菊花小苗？

答：常规压条可在容器内，也可在畦地进行。多在夏秋季采用。最简单的方法是在作压穗的植株旁边掘一小穴，深度以枝条压下埋土后不致弹出为准，习惯上深6～10厘米。将压穗枝条弯入穴内，确定好埋入的位置后取出枝条，在枝条下面横切一刀，如枝条脆硬，可将其拧劈，将其压入穴底，填土压实。生根后剪离母体，另行栽植。压条繁殖是传统而古老的

繁殖方法，有成活率高、简单易行的优点，适合家庭及初学艺菊者应用，但繁殖量少、养护时间长是其不足。

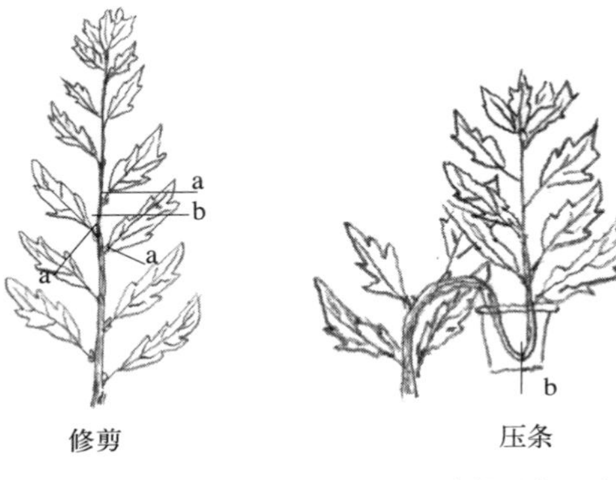

图7　常规压条示意

a. 剪除切口　b. 环切切口

38. 盆栽从生菊花怎样畦地压条？

答：将丛生株脱盆或不脱盆，栽植于畦地，栽植好后，将枝条四向压倒，在适合的位置掘穴，压穗枝条横切或拧劈后压入土穴中，埋严实，先端直立，浇透水，保持畦土湿润。生根后切离母体，进行移栽。

39. 菊花怎样高枝压条？

答：这是为了得到矮化假年龄子代植株而采取的一种方法。在秋季花蕾形成前后，选定高矮适当的位置高枝压条。装土容器可选用塑料饮料瓶下端一段，将底剪一小孔，上段弃之不用，再将其在孔处纵向切开，或用筒状塑料薄膜袋，也可用劈开的竹筒。压条土壤或基质可选用废食用菌棒、素腐叶土、腐殖土、树朽、蛭石等轻型材料。操作时，先在枝条高度适当位置，环切或横切一切口，切口以破皮为准，不宜过深，过深易折断，再将容器底部固定在切口以下1～3厘米处，应用筒状塑料薄膜时，将下部口收缩牢固捆绑在切口下，然后装入基质至容器上口，并预留浇水口，设支撑后浇透水保持偏湿，一般情况10～15天即可生根，或见其恢复生长后证明已经生根，即可切离母体除去容器另行栽植。

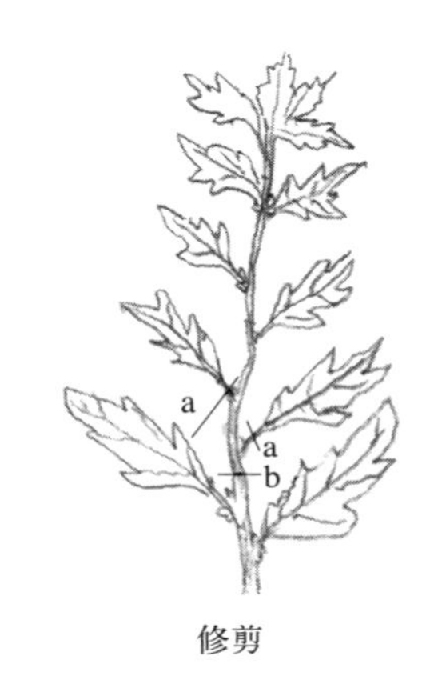

修剪

套袋

生根后切离栽植

图8 高枝压条示意

a. 剪除切口 b. 环切切口

40. 菊花嫁接繁殖有什么优缺点？

答：因为用作嫁接菊花的砧木适应性强，既能耐寒，又能抗旱涝，耐肥力强，根系大，长势健壮，分枝多，造型方便，嫁接后，开花大，花色纯正，养护粗放。另外通过嫁接，既能一株一花，还能一株多花，一株多色，一株多花型，大菊、小菊同开一株。一株百朵甚至千朵的树菊、大立菊造型，是只用原本所不能做到的。但这种繁殖方法操作工序多、费时、费劳力，是其不足之处。

41. 怎样选择嫁接菊花的砧木？

答：目前北方多选用白蒿或白苞青蒿作砧木，这些蒿属植物根系大，生长茁壮，枝干茂盛，分枝多，有低位分枝，耐性强，易造型，后期生长旺盛，维持旺盛期长。此外尚有黄花蒿又称黄蒿、香蒿，也常作为砧木，黄蒿夏季长势旺盛，入秋后开花较早，故入秋后长势稍差，开花时间不能延长，故选用者较少。如果要求接穗不多，造型变化不大，只在2～3种之间，可采用品种间嫁接，这种方法应注意的是，作为砧木的一方必须健壮于接穗一方，而且耐修剪，易分枝，亲和力强，品种间的高矮与节间长短相近似，否则成活后会出现高矮不齐，降低观赏价值。

42. 怎样繁殖砧木？

答：用作砧木嫁接菊花的蒿属植物多为二年生，第一年结实成熟后播种或自播，在自然环境中有的种子能保持2～3年活力。

(1) 播种：8～9月份选通风光照、排水良好场地，翻耕叠畦，翻耕深度不小于25厘米，耙平后耖埂叠畦，畦土再次耙平浇透水，水渗下后即行播种，覆土至不见种子，再次浇透水，保持畦土湿润，5～7天即可出苗。3～5片叶时间苗或掘苗分栽。应用数量不多时，也可在花盆、苗浅、浅木箱中播种，出苗后分栽于畦地。

(2) 扦插：多在5～8月份，剪取健壮枝先端6～10厘米长进行扦插，成活后分栽于畦地或容器中。多用于商品菊栽培。

(3) 野外掘取：8～10月份或4～5月份掘取自播野生苗，栽植于畦地或容器内，其生长发育与播种苗区别不大。掘取时先将四周杂草薅除，然后掘苗。秋季掘苗可裸根或带土球掘苗，掘苗后将主根剪除一部分，以利根系扩大。春季掘苗，为减少缓苗时间，最好带土球掘苗，栽植于备好的畦地或容器内。

43. 怎样栽培嫁接菊花用的砧木？

答：选背风向阳、排水良好场地，翻耕平整。如果要培育冠幅大的苗，以0.5～3米株行距栽植，栽植穴直径也应按需要而定，深度通常30～40厘米。栽植时设一个栽植筐等代用，筐内填装栽培土，栽培土由园土、细沙土、腐叶土各1/3组合，另加腐熟厩肥15%左右，或腐熟禽类粪肥、腐熟饼肥、颗粒或粉末肥10%左右，拌均匀。填装前先将筐置于穴中后，再填栽培土，栽植时在筐中心掘一穴坑，填入一层素沙土或普通园土，使植株根系不接触肥料，栽好后浇透水，恢复生长后保持湿润。生长期间每10～15天追肥1次。肥后、雨后、土表板结时中耕，随时薅除杂草。依据长势，随时进行锄根，或深中耕，以扩大根系。追肥可选用浇肥也可选用埋肥，埋施选用圈施法，并用先近后远，先浅后深的方法施入。开始追肥时因植株矮小、根系小、数量少、根也短，距植株基部3～5厘米处周圈埋施，随植株生长，根系伸长，改为距5～7厘米处施入，深度也适当加深，施入后原土回填。雨季及时排水。

44. 作为接穗的菊花母本怎么栽植?

答：于10～11月间选取枝干健壮、叶形端正、花形整齐、花色鲜艳、总花柄挺拔较短、品种间花期基本一致的品种，进行脚芽扦插繁殖。或保留老株在冷室、阳畦或小弓子棚内或壅土越冬。冬季注意保温通风，翌春3～4月加大通风量，充分受光，减少徒长。化冻后即行畦地栽培。栽植场地应选择通风、光照、排水良好的场地，翻耕叠畦或叠垄，每亩施入腐熟厩肥3000～3500千克，翻耕深度不小于25厘米。垄沟或畦内耙平踏实后，按30～60厘米株行距栽植。单株按30厘米株行距，丛株依据株冠大小合理安排株行距。栽植要直立整齐，栽植后即行浇水。缓苗后即行摘心修剪。每10～15天追肥1次。分枝发生后，即可随时切取用作接穗嫁接。

47. 怎样嫁接菊花?

答：菊花嫁接一般选用劈接法。特殊嫁接法在栽培篇中再介绍。

(1) 切取接穗：在生长健壮、无病虫害、无伤痕的母株上剪取先端嫩枝作接穗。

(2) 削接穗：将基部叶片连同叶柄剪或切除，接穗先端握于手中，用芽接刀于基部向上1～1.5厘米处往剪口方向呈30° 角斜切一刀，深度为接穗直径的1/2左右，在背面由断面切口向上在0.5厘米左右外以45° 角斜切一刀，与30° 角切口处交合，应注意不可两面斜切角度相等，相等时，接穗削切面与砧木削切面不易密贴。削好后含于口中或包裹于湿麻袋片或湿棉织品中。

(3) 削砧木：按造型需要选取砧木主干或分枝近木质化尚未木质化部位，用芽接刀削去先端部分，刀口宜平整，无劈裂、无撕皮、无毛刺，然后于切口断面中心位置垂直纵切一刀，深度略深于接穗切口长度。

1. 砧木白蒿

2.削砧木（选位）

3. 削除砧木先端

4. 切砧木接口

5. 剪下接穗

6. 削除接穗多余叶片

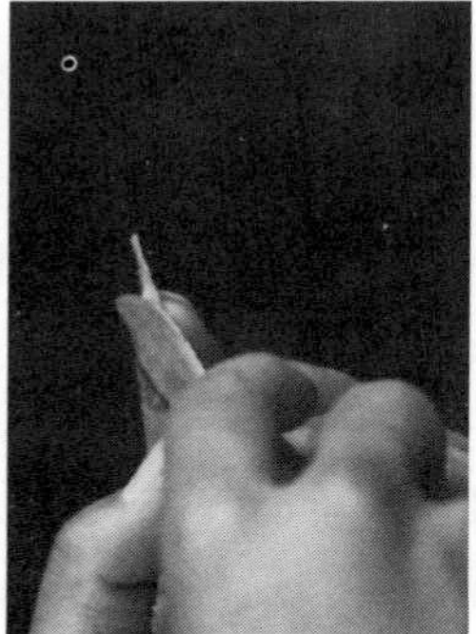

7. 削接穗接口

8. 切削好的接穗

9. 插入砧木

10. 绑扎

11. 成活后解除捆绑物

图9 菊花嫁接方法

(4) 结合：用芽接刀后面的骨片将砧木切口剥开，插入接穗，使30°角一面及两侧皮层紧密贴合。如果接穗直径大于砧木直径，或接穗直径小于砧木直径，应将任何一侧皮层相对准。砧木直径很大时，可嫁接2个接穗，成活率是一样的。

(5) 捆绑固定：用塑料薄膜胶带将接口捆绑牢固，使其紧密结合，并防止水分流入伤口面引发组织腐烂。1周后接穗开始复苏，叶片挺拔，恢复活力，证明已经成活。如果接穗仍萎蔫或与砧木明显脱离，应及时补接。

五、育种篇

1. 怎样利用现有菊花品种群选出有结实能力的亲本?

答：目前菊花品种包括秋菊、秋小菊、早菊、早小菊、勤花菊，各自均有一个较大的品种群。品种群中多则上千个品种，少则十几个、几十个品种，这些品种有的已经通过扦插、分株、嫁接、压条等方法繁殖栽培几十年甚至上百年，有些品种长势日渐衰弱，不能正常生长，不能良好开花，甚至不能开花，最终被自然淘汰。

选育新品种需要有结实能力的亲本。为得到现有品种群中有结实能力的亲本，尽可能多收集品种，这些品种应包括各系的品种，但以秋菊系、寒菊系为主，通过短日照使其提前开花，并使花期基本一致。花开放后，分为室内及室外两组，每组要求全系品种，并放足够的授粉蜂（熊蜂）加强授粉能力。加强水肥、通风、光照、温度等养护。当花朵干枯时，逐个收取种子，结有种子的植株做好记录，编入亲本可育性品种名录。

没有结实的植株有两种可能：其一，重瓣品种舌状花过多，筒状花过少，授粉机会较少或没有机会，这种情况可在花序开放至1/2左右时，将舌状花剪短，使筒状花通过一段生长露出瓣外，增加授粉机会；其二，花瓣修剪后仍不能授粉结实的植株，应看同品种其它植株是否能结实，如有的植株花朵能结实，有的不结实，说明是授粉不良，仍属于能结实品种，如在室内、室外同品种几株或十几株所有花序中无一结实，则属于不能结实的亲本。为延续这类品种的性状，只能用作亲本中的父本，利用父本的花粉授粉仍不孕育，应视为已经退化，无生育能力的品种，用常规育种已无法使其结实，这类品种只能弃之不用。

2. 选定有结实能力的品种后，怎样才能获得优良子代？

答：找到能结种子的亲本，第二年按常规无性繁殖。亲本通过短日照栽培，仍将其分为露地及温室两处授粉。第一次结的种子另行栽培，进行初步筛选，对无栽培价值的植株进行淘汰，仅留选定的品种。第三年将第一年选用的母本及第一次结实的子代混合，进行短日照栽培，此时的新旧品种群已经大部分或全部个体有结实能力了，且新品种（子代品种）已经过筛选，这一代种子优良性状高于第一次结实的种子。再通过1～2年选育，优良品种的种子更加优良。

3. 什么叫自然杂交授粉？怎样才能良好结实？

答：自然杂交授粉，指在一个菊花群体中，自然开花后不做任何人为处理，任凭蜂蝶等昆虫携带一种或几种花粉授向另一种菊花雌蕊柱头的方法，称为自然杂交授粉。由于菊花种类不同，所产生的种子也是多元杂合体，种子本身带有父母双方的基因，播种长出的子代株型、叶形、花型、花色、花轮大小产生多方面的变化，这种变化既不同于双亲，某些特征又与双亲相似，甚至超越父母亲本的某些特征，达到选育新品种的目的。

菊花的一个头状花序是千百个小花所组成的，常说的外轮花瓣即舌状花，及花盘中心的每个筒状花，实际上均是一个完整的小花，小花由外轮向内轮逐渐开放。每个小花如果雌蕊不畸形，均能授粉后结实，结实的多少取决于能否良好授粉，一旦授粉，即能结实1粒。授粉后外轮种子先成熟，内轮种子后成熟。只要天气晴好，昆虫密度大，结实率就高；阴雨天气或昆虫少，结实后遇水或外轮舌状花较大的障碍，结实率就低。为保持较高结实率，可在花期将舌状花短剪，增放授粉蜂或蜜蜂，并设防风雨设施，加强通风光照，授粉后不使花朵遇水，增施磷钾肥，即能收获大量饱满种子。

4. 菊花育种的亲本如何栽培？

答：为收获较多种子，最好选用多头菊栽培，并使筒状花增多，舌状花减少，以利授粉结实。

(1) 翻耕栽培用地：选通风向阳、排水良好、疏松肥沃的栽培场地进行翻耕，翻耕深度不小于25厘米，土壤杂物过多应过筛或换土。换土时更换的土壤应该为疏松肥沃的园土，同时加入腐熟厩肥，每亩3000～3500千克，应用腐熟禽类粪肥、腐熟饼肥、颗粒或粉末粪肥时为2000～2500千克，并均匀分布在25厘米厚的土壤中，如果深翻或浅翻应适量增减。贫瘠土、高密度土还需适量加入腐叶土、腐殖土等，并适当增加肥分加以改良才能栽植。

(2) 耖埂叠畦：叠畦前先将整块地平整，畦的长宽尺度可按现场实际情况而定，习惯上畦宽1.2～1.6米，长6～8米，用量绳或皮尺确定畦及畦埂及垄沟位置。耖畦埂由两侧畦中取土，畦埂踏实后高10～20厘米，宽30～35厘米。畦埂叠好后，畦内用平耙耙平。

(3) 栽植：于春季化冻后，将越冬的单株或丛株（老根或称老蔸）按25～40厘米株行距掘穴栽植。栽植后即行浇透水，保持畦土湿润。雨后或土壤板结时中耕，并随时薅除杂草。

(4) 修剪：栽植缓苗后，由地面向上15～20厘米进行第一次修剪或摘心。侧枝6～8片叶时，留4～6片叶再次摘心。侧枝发生分枝，依次摘心，直至8月上中旬最后一次修剪或摘心。并将病折枝剪除。

(5) 掘苗上盆：8月中下旬至9月上旬最后一次修剪后长出的枝条10厘米长以上时掘苗，用栽培土上盆。上盆前浇一次水，次日即可掘苗，栽植于垫好底孔的花盆中，浇透水保持湿润，恢复生长后盆土保持偏干。

(6) 追肥：畦栽阶段，第一次摘心或修剪分枝发生后追肥1次，以后每15～20天1次，可浇施也可埋施或撒施，施用无机肥对水成浓度3%左右浇灌或撒施后浇灌。上盆恢复生长后开始追肥，以磷钾肥为主。

(7) 其它养护：丛株株冠不断扩大，由于修剪或摘心次数的增加，分枝不断扩大，应设支杆支撑，及拉开间距，以利通风。为增加开花数量，增加授粉机会，花蕾出现后不剥蕾，任其生长开花。

5. 什么叫人工辅助授粉？怎样授粉？

答：在昆虫活动不足或是定向品种培育时，人为辅助将花粉点在雌蕊柱头的方法称人工辅助授粉，简称人工授粉。操作时选晴好天气，用新毛笔或脱脂棉球将花粉蘸在笔尖或棉球表面，再点蘸在另一品种雌蕊展开呈r型的柱头上。为保证授粉率，最好上午9：00～10：00授一次，下午15：00～16：00再授一次，如有条件，次日9：00～10：00时复授一次。用于定向杂交时，授粉后应罩授粉保护袋保护，以防昆虫再次授粉。现代菊花为多元杂合体，杂交授粉后的子代仍为多元组合，对优良性状的个体通常可当年选定，退化的可能很少。授粉后应防水防雨，保持通风光照良好，并增施磷钾肥，以促使种子饱满。

6. 什么叫箱笼授粉？怎样实施？

答：利用纱箱将2个或多个亲本罩入箱内，放入授粉蜂，达到相互授粉的方法称为箱笼授粉。箱笼授粉介于人工辅助授粉和自然授粉之间，利用人工控制蜂蝶等昆虫，在指定的种或品种间授粉，为目前杂交育种最常用的方法之一。

(1) 箱笼制作：框架可选用2.5厘米粗木条，或直径1.2～1.6厘米圆钢、金属管，或2.5×2.5×0.25（厘米）角钢制作。长宽以能放入2～4盆准备授粉的亲本为准，但习惯上以2盆者为多，其尺度为长75～80厘米，宽25～40厘米，高1.2～1.5米。除下面，其它5面覆一层防虫网，并预留一面可开闭的浇水、追肥用的口。另外为便于移动，可将箱笼安装在一块稍大于箱笼的木板上，板两端设提环或板下装小轮，可于早晨移至室外，晚间或风雨天气移回温室。

(2) 摆设场地：选背风、光照良好场地。场地需平整，清洁无杂草。

(3) 选择亲本：选择前应有育种目标设想，将确定的种或品种，选择植株长势健壮、花蕾多、无病虫害、花朵已开放的植株，每种（或品种）1盆或2盆，同时摆放入箱笼。

(4) 放蜂：待花朵外轮2～4轮充分开放后，放入授粉蜂或蜜蜂，或其它吸食花粉、花蜜的蜂类。如夜间气温较低时，应连同箱笼一起移入温室或覆盖防寒被，保证蜂类安全。遇雨应移入温室或覆盖防雨。浇水、追肥应浇于盆中，花朵不能见水，一旦遇水又通风不良、光照过弱，将前功尽弃。遇有蜂类死亡，应及时补充。

(5) 取种：授粉前后温度最好白天16～24° C，夜间0～12° C。必须保持通风、光照良好。小花全部干燥后，拿掉箱笼，将花朵连同总柄刈取，放置于阳光直晒下充分晒干，除去杂物捡出种子，再次晒干，然后干藏。

7. 想培育不同花色的舌状花，应怎样选择菊花亲本？

答：从理论上讲，选择亲本时双亲花色应该有较大的差别，这样子代花色才能有较大的变化。双亲均为白色，其子代花色多数为白色，有少量黄色或粉色或紫色，这是因为双亲的上一代或上上一代有黄色或粉色、紫色基因。如果用白色子代回交，或白色子代间杂交，通过3～4代后，其它颜色将会减少或消失，多数为白色或绿白色。双亲均为黄色时，其子代多为黄色，很少出现其它花色。双亲为紫色时，其子代花色多为深浅不一的紫色，也会出现一个小花中部为紫色，先端为白色或带有黄色。

菊花中纯红色品种较少，大多为红面黄背，但红色可出现黄红、砖红、泥红色等不理想的花色。用白色与黄色为亲本时，其子代多为黄色，白色出现率不高。白色与紫色为亲本时，子代紫色较多，白色较少，会出现小花中部为紫色，有白色或绿色尖。用复色、间色、镶嵌色为亲本时，其子代花色多为复色，很少有纯色品种出现。

8. 想改变子代舌状花花形，应怎样选择杂交亲本？

答：两亲本均为平瓣花时，其子代多为平瓣，偶有匙瓣。双亲均为匙瓣，其子代多数为匙瓣，偶有平瓣及管瓣，但发生率不是很高。双亲均为管瓣时，其子代多数为管瓣或匙瓣，平瓣发生率较低。双亲一方为平瓣，一方为匙瓣，平瓣发生率较多，匙瓣发生率较少。双亲一方为平瓣，一方为管瓣时，其子代平瓣、匙瓣、管瓣均有发生。可根据这些特点，选择母本来达到理想的目标。

9. 大朵菊花和小朵菊花作为亲本时，其子代有哪些变化？

答：大菊种指秋菊种群，小菊种指秋小菊种群，两者互为亲本时，大花种的子代多为中型花或大型花，小花种的子代很少有大型花，而多数出现比母本花稍大的品种或小花品种，极少出现大花品种。

10. 如果父母亲本均为托桂型，其子代花型会有什么变化？

答：两个托桂型大菊相互为亲本时，其子代50%为托桂型，50%左右变为单轮型。托桂型小菊双亲互为亲本，其子代多数为托桂型，少数为单轮型。

11. 单瓣菊花品种互为亲本时，花型有什么变化？

答：单瓣花品种舌状花少，筒状花多，授粉容易，易结实，结实率高，其子代花型表现绝大多数为单轮，花期短，观赏价值不高。

12. 用单瓣花品种作母本，重瓣种作父本杂交，其子代会出现重瓣花吗？

答：用单轮花品种为母本时，用重瓣花花粉授粉，其子代有20%～30%为重瓣花，多为单轮花。

13. 大型菊花品种间授粉，其子代有什么变化？

答：大型菊花品种间相互授粉，其子代多为大型种，会有少数比亲本差的品种。

14. 重瓣花与重瓣花品种间组合授粉，其子代有什么变化？

答：这是最好的亲本组合，其杂交子代多为重瓣花，也会有复瓣或单瓣的，但数量较少。这些子代也是作为亲本再次或多次杂交授粉的良好品种。可与现代品种中任何一个老品种组合，也可与子代新品种组合，使其性状超越双亲。

15. 同一品种间相互杂交，其子代会出现什么现象？

答：其子代花型与双亲近似的较多，有部分变小，舌状花减少、变短，观赏价值降低。

16. 易出现盲花的品种与易上蕾开花的品种作组合，其子代开花时有什么变化？

答：会出现盲花，不是不能开花，而是部分花蕾出现空蕾，或只有几个、十几个舌状花，有的筒状花也消失。可利用尚能开花的部分做亲本，进行杂交授粉，它们的子代多数表现正常，能按时开花，这是杂交优势的表现。对表现不好的子代应及时淘汰。

17. 一些花序总柄较软的品种，但开花较好，能做亲本吗？它们的子代会有什么变化？

答：花序总柄较软的现象俗称软脖子，这类品种不是太多。双亲均为软总柄时，其子代几乎全部为软总柄；一方为软总柄时，子代软总柄出现率不高，多数为正常总柄。

18. 利用封头率较高的品种间杂交，其子代封头率是否还是很高？

答：一些易封头的品种，在多次短日照处理中，对短日照不敏感，也就是在日照时间变短后，仍有部分或全部变为封头，不能正常育蕾开花。用这类品种做亲本，其子代仍有大部分为易封头苗，育种中除作为观察试验外，最好不用作亲本。

19. 选用总柄较短的双亲杂交授粉，其子代在总柄上会有变化吗？

答：总柄较短的品种，多数茎干挺拔有力，花序直立向上，是众多专业艺菊、业余菊花栽培爱好者所钟爱的品种。这种组合其子代多为总柄较短的品种，很少有长柄品种。如果一方为短总柄，一方为长总柄，其子代表现短总柄较多，长总柄较少。双方总柄均为长柄时，其子代出现长总柄量大于短总柄量。

20. 高茎品种间组合杂交，其子代会有什么变化？

答：双亲均为高茎品种，杂交授粉后，它们子代的株高多数为高株型，很少有矮型或中株型。

21. 父母本一方为高株型，子代在高矮上有什么变化？

答：这种组合会有两种情况出现：其一是亲本中母本呈高株型，父本为矮株型，它们的子代表现高株型多，矮株型少。如果父本为高株型，母本为矮株型，其子代多为矮株型，很少有高株型。双亲均为矮株型，其子代绝大多数为矮株型，很少有中株型，几乎无高株型。这正是民谚中所说“爹矬矬一个，娘矬矬一窝”的遗传现象。

22. 想培育卷散花形的菊花，怎么选择亲本？

答：如要培育花形为卷散型，在选择亲本时，最好双亲均为卷散型，或母本为卷散型，它们的子代多为卷散型花序。

23. 菊花叶片形态有遗传吗？向哪个亲本遗传？

答：双亲杂交后的叶片形态变化很大，多数超越亲本，但大致轮廓与母本相似的多，似父本的略少。但也会出现既不像母本也不像父本的形状，很可能是隔代遗传所致。

24. 将舌状花剪除后作箱笼授粉，会不会产生自交系种子？

答：头状花序中的小花，雌蕊与雄蕊花粉成熟期不同，通常雌花成熟后5～9天雄蕊才能吐粉，此时雌蕊已经老化，无条件授粉，故不可能自花授粉。但一个头状花序中各小花之间有可能会互相授粉。

25. 嫁接植株开花后，能否用作亲本杂交育种？

答：不论是以菊花为砧木，还是蒿属类植物为砧木嫁接的菊花植株，通常长势均较为健壮，花型较大，舌状花多，筒状花减少。作为杂交授粉亲本，为便于授粉及防止腐烂，应在授粉前将舌状花短剪，通常只留0.5～1厘米。置光照充足、通风良好场地进行授粉。小菊或舌状花较少的品种，可不用剪短舌状花，能良好结实。砧木的诱导作用不会太强，对子代不会产生过大影响。

26. 用一株白蒿嫁接了4个品种，有球型、卷散型各2枝，花期基本一致。能否将舌状花修短后，置于箱笼中杂交授粉？

答：这是一种很好的杂交育种方法，既能节省场地，养护管理也方便。最好选用箱笼方法杂交授粉，结实不难。但这种方法只能知道亲本中的母本，父本就不易识别了。如果选用嫁接2个品种，每个品种各2枝，亲本中的父母本就容易识别了。另外也可选用2个品种同盆栽培，开花授粉也很方便，效果是一样的。

27. 用现代秋菊中的大菊与秋小菊相互杂交，其子代花轮直径上有什么变化？

答：大菊与小菊作双亲时，其子代花轮直径会产生两种变化：大菊在亲本中作母本，小菊作父本，其子代多为大菊，但花轮直径多数小于母本原有花轮直径，很少有超越母本花轮直径的。亲本中小菊作为母本时，其子代的花轮直径多数大于母本花轮直径，很少有小于小菊母本直径的花朵，但绝大多数小于用大菊为母本子代的花轮直径。

28. 怎样选用短日照开花的早菊、勤花菊、早小菊进行杂交育种？它们的子代能否提前开花？

答：现代菊花本身即为多元杂合体，种间杂交容易成功，如果杂交授粉中有经短日照处理的秋菊、早菊、小菊类、勤花菊、切花菊、太平洋亚菊等，组成一个混合群体，相互杂交后结实并不难，并能大量结实。这种组合杂交授粉多选用放蜂，自然杂交授粉，如果有充足的授粉昆虫，可不用放蜂。由于只知亲本中的母本，无法知道父本，子代的花型、花色很难预测，花期提前率也不是太高。优良品种率只占50%～60%。其它为观赏价值不高的种类。

29. 秋小菊杂交育种需要短日照处理吗？也需要剪除部分花瓣吗？

答：秋小菊开花期也有早、中、晚及早小菊，早小菊及早花秋小菊可不作短日照处理，因舌状花及筒状花花被短小，也不必剪除花瓣，只要光照充足、通风良好、有充足授粉昆虫，即能收获种子。对中期花或晚期花品种，为良好结实创造环境，还是应该做短日照处理。

30. 太平洋亚菊与小菊组合杂交后，其子代会有哪些变化？

答：太平洋亚菊为菊科亚菊属花卉，小菊为菊科菊属花卉，两者为同科不同属花卉，实践中两者互为亲本时，杂交结实率是很高的。太平洋亚菊头状花序中全部为筒状花，没有舌状花，其杂交的后代多数变为有舌状花的品种，少数为全部筒状花。舌状花的花色也很丰富，枝干多数挺拔有力，花总柄稍长硬挺，叶缘缺刻稍深，叶背带有灰白色，叶柄平伸有力。但花序多为单瓣型。

31. 野甘菊与小菊组合杂交其子代会产生什么变化？

答：通过多年实践，野甘菊（北甘菊）与小菊群体组合，两亲本均能结实。在不去雄条件下，野甘菊结实率高，小菊结实率低。野甘菊通过多次回交无明显变化。早小菊为母本的子代，出现叶节变长，叶片缺刻变深，叶缘锯齿变尖，花色均为黄色，具有较浓的菊香味，舌状花少，几乎全部为单瓣。花期早，开花多。这类植株回交，第二代至第四代所结的种子，单瓣花数量增多，茎干变长，多呈匍匐状，花总柄变软。

32. 栽培的紫色多头菊，发现一个枝上开出白色花朵，怎么能使这个突变枝保存下来？

答：发现突变枝可将其从分枝处剪下来，剪除花头进行埋条繁殖，以后会开出白色花。

33. 用种子繁殖菊花，播种后出现3片子叶苗，还有晚出苗、弱苗等，是否应在苗期淘汰？

答：3片子叶苗、迟出苗、弱苗均为变异性较强的苗，多数植株会产生较大变异，不但不应淘汰，还应加强栽培养护，待开花时认定优劣，对劣者进行淘汰，优者继续栽培繁殖。经3年栽培观察稳定后，确立1个优良品种。实践中由于这个品种为多元杂合体，多数经栽培第二年即可稳定，但托桂型往往有变化。

34. 勤花菊与秋小菊组合，其子代会产生哪些变化？

答：勤花菊应该是菊花中选育出来的一个品系，仍然保持着秋季结实的习性。勤花菊与小菊组合授粉，勤花菊为母本时，其子代花型变小，花色趋向母本，勤花品种不多，早小菊、秋小菊出现率高。小菊为母本时，其子代均为小菊，多年实践无中菊或大菊出现，花色只是粉色及黄色或泥黄色。

35. 勤花菊与太平洋亚菊互为亲本组合，其子代有什么变化？

答：勤花菊与太平洋亚菊互相组合授粉，在母本为勤花菊时，其子代花型花色变化不大，株型变得硬挺有力。太平洋亚菊为母本时，其子代有少数表现勤花性，花小单轮至重瓣，夏季耐直晒性差，夏季7～8月份，早晨开花，经中午直晒，下午就会有部分舌状花干枯，仍需选育耐晒的品种。另外有部分花序明显变大。

36. 匍匐型小菊是怎样出现的？

答：2005年在播种3000余粒小菊种子中，经过群体自然杂交，出现几株不同程度的匍匐植株，花色为紫粉、淡粉、黄色等，匍匐枝长1.5米以上，且四散生长，花期属秋菊类。开花时由基部分枝至先端，呈一个全枝有花状态，如欲作地被应用，继续选育早花品种。

六、栽培篇

1. 怎样沤制有肥腐叶土?

答：于秋季选择远离居住区，通风、光照、排水良好，运输方便场地进行平整，面积的大小应按需要量而定。其形状通常为长方形、方形或圆形。选择场地时应考虑倒垛的余地。选好场地后即行平整场地，将场地内砖瓦石砾等杂物清除出场外，并做妥善处理。用园土按需要面积围一土埂，埂高最好不低于30厘米。埂内铺一层8～10厘米厚细沙土，细沙土上铺一层落叶，如有较长较大的树枝或禾秆应先粉碎，厚度约为15～25厘米、不高于30厘米，落叶过干时浇水加湿，稍压实后加一层化粪池中的粪尿，禽类粪肥、饼肥或含肥量较高的厩肥、或厨余残羹剩饭等，其上再压一层细沙土，以压严实为准，再铺15～25厘米厚落叶，依次堆至1.5～1.8米高，不宜过高，过高不但不好操作，还会影响腐熟速度。为加快腐熟及减少异味发生，最好加入适量EM菌。土埂随堆沤物增高而增高，顶部可封也可不封，欲想封严时，留几个直径10厘米左右通风孔，最后覆盖塑料薄膜保温保湿。如堆沤时间在9～10月份，可于冻土前倒垛。如堆得较晚，应于春季化冻后倒垛。倒垛时由宽阔场地的一侧，用三齿镐或四齿镐破开翻拌，并将大块、大片破碎，将较大的砖瓦石砾捡出，如果已经腐熟，应该过筛，如果尚未完全腐熟，仍应堆放整齐，继续腐熟。通过2～3

次翻拌倒垛，即可全部腐熟。过筛后，下边为有肥腐叶土，筛子上面除去砖瓦石砾，即为垫底粗料。

2. 怎样沤制无肥腐叶土?

答：沤制无肥腐叶土不加粪肥。沤制时先平整场地，然后叠土埂，土埂内直接堆放落叶、粉碎的禾秆、小树枝，随堆放随压实，落叶过干时喷水加湿。再铺一层8～10厘米厚细沙土，再堆落叶等，依此堆放，每放1～2层落叶加适量EM菌，促使加快腐熟，直堆至1.5～1.8米高，土埂随之加高，用塑料薄膜覆盖保温、保湿。一些较薄的落叶或杂草，9～10月份沤制，上冻前在EM菌作用下，有部分发酵腐熟，可过筛应用。如尚未腐熟，应翌春化冻后倒垛翻拌，适当加湿，及加EM菌液，加快发酵速度，多倒垛翻拌几次，才能充分腐熟。

3. 怎样在沤肥场堆沤厩肥?

答：厩肥掘出牲畜厩运至堆肥场地后，摊开晾晒，并进行翻拌，将大块用工具粉碎。晒干后稍喷水加湿，再将其堆在一起进行发酵。通过2～3次翻拌、堆沤充分腐熟后，即可作为容器栽培肥料。用于畦地栽培时，可直接运至栽培场地，摊开晒干后施于翻耕场地。

4. 在贮肥场怎样堆沤河泥、塘泥等肥土?

答：深秋或冬季，运至贮肥场的河泥一般情况应进行堆沤，春季化冻后摊开晾晒，筛除杂物后即可应用于畦地栽培或容器栽培。

5. 栽培标本菊通常要求翻头苗，什么叫翻头?

答：去年秋冬季扦插或春季分株的小苗，分栽后栽培一段时间，进行修剪或摘心后，摘除侧芽，促使其在基部土表下产生地生芽，这种方法称为翻头，也称翻芽。把老本剪除后，露出的新芽有很多新生根以及原有根系，可更好地吸收养分及水分，使生长速度快而健壮，这是要求翻头的主要原因。翻头苗舌状花丰富，筒状花减少，枝干相对健壮。

6. 畦地栽培独本菊怎样翻头?

答：独本菊又称标本菊，谓之标本指1本1花，为当今众多艺菊者所宠爱。只为1朵花提供充分营养，使其形态充分表现。

(1) 整理用地：于春季化冻后，选光照、通风、排水良好场地进行翻耕，耖垄叠畦，翻耕深度不小于25厘米。畦的大小可根据具体情况而定，但为栽培养护方便，通常为长6～8米，宽1.2～1.6米。浇水垄沟应依据流水长度、速度、流量而建立，但通常宽度40～50厘米，深20～30厘米。垄埂压实后宽25～30厘米，高25～35厘米。畦埂踏实后高10～15厘米，宽25～30厘米。耖畦埂时，应从左右两畦均匀取土。叠好后，在畦内按每亩施入腐熟厩肥3000～3500千克，再次翻耕，使其在20厘米土层内均匀分布。应用腐熟禽类粪肥、腐熟饼肥、颗粒或粉末粪肥时为2500～3000千克。翻耕后再次耙平，并做成0.5%左右排水坡度。

(2) 脱盆栽植：脱盆栽植的小苗有3种情况。

分栽苗：分栽苗是在扦插成活后，用口径10～12厘米小瓦盆或营养钵装填栽培土栽培的苗。这类苗多为单干苗，脱盆后带土球，按25厘米株行距掘穴栽植于畦中，栽植穴直径及深度不应小于15厘米。原土球面应稍低于畦地面，栽植后四周压实、刮平，并与畦面总体找平。插好品种标牌。

未分栽苗：指扦插成活后尚未分株的苗，这种苗脱盆后除去宿土，使其呈裸根状态，栽植时应将根系舒展开，切勿将根拧成团。

分株苗：指未作分株处理的丛生苗，将苗脱盆除去宿土，使其成裸根状态，在自然可分切部位，用枝剪按单株剪离后栽植。

(3)浇水：栽植好后即行浇透水，保持畦土湿润。浇水时为防止将畦土冲刷，应在畦的进水口处垫一块草垫，将水浇在草垫上，使水经过草垫流入畦中，水渗下后对压实不够造成坑洼的地方，用原土填平。发现有倒伏或不正苗及时扶正。

(4) 翻头：常见翻头有两种方法，一种为修剪式翻头。操作时将苗的先端剪去一部分，剪下的部分仍能作插穗繁殖材料。这种方法，下部留的叶片少，侧芽发生也少，掰除时省工时。由于叶片总面积较少，光合作用、蒸腾作用随之减弱，新根发生也会停止或减少，但营养在叶腋处积累较多，腋芽发生快且长势也快。另一种方法是用刀尖将苗先端生长点破坏，限制生长及先端新叶的发生，但原留下的叶片会继续生长，这种方法留的叶片多，腋芽也多，由于留下的叶片仍在生长，腋芽发生晚，侧芽发生晚而多，需要随生长多次摘除，才能发生地下芽。不论选用修剪或摘心方法，翻头应于修剪或摘心后控制浇水。

翻头时间应依据品种生理特征而定，一般情况翻头时间在6月上旬至中旬。对短日照较敏感及矮株型应晚翻，对短日照不甚敏感及高株型应早翻。如果统一在6月上旬修剪或摘心，当地下芽出土后，对短日照较敏感的品种，留后出土的苗，其它芽切除；对短日照不敏感的品种，留先出土的芽，其它芽切除。这样花期可基本一致。如不考虑花期一致，所发生的地下芽均可应用。

翻头后剪口或切口下留4～5片叶，其它叶片全部摘除。

(5) 除侧芽：修剪或摘心去叶后，枝干先端很快即发生侧枝，应及时掰除。随之下面的潜伏芽也先后萌动，也应掰除，直至地面以下发生的地下芽长出。当地生芽大多数发生3～4片叶时，将老干由基部剪除，地上基部发生的芽也一并剪除。如无地表下长出的芽时，应保留地表附近发生的老干侧芽1～2枚，其它连同老干一同剪除，以减少营养消耗。有长势过强的地生芽也应短截，短截位置最好由基部留2～3片叶，将上部剪除，这样便于上盆时将剪口埋于盆土中。

7. 畦地翻头苗怎样掘苗上盆？

答：畦地翻头苗上盆时间多在6月底、7月初。分土球苗上盆及裸根苗上盆两种方法。理论上讲，土球苗伤根少、根系多，缓苗快，成活率高；裸根苗则反之。实践中两者差别不明显。

(1) 容器选择：选用口径18～20厘米高筒、底孔稍大些的瓦盆，应洁净、通透、无破损，应用旧花盆时应先刷洗干净，如盆壁积有污垢时，可用锉刀刷或钢丝刷刷后清洗再用。

(2) 盆土选择：普通园土30%、细沙土30%、腐叶土或腐殖土40%，另加腐熟厩肥15%左右，应用腐熟禽类粪肥、腐熟饼肥、颗粒或粉末粪肥时为10%左右。

普通园土30%、细沙土30%、废食用菌棒40%，另加肥不变。

普通园土30%、蜂窝煤炉灰20%、腐叶土或腐殖土或废食用菌棒50%，另加肥不变。

废食用菌棒应用前应先除去塑料薄膜，粉碎，加入土壤中，经充分晾晒翻拌均匀后，才能用作盆土。应用的盆土原则上以疏松、肥沃、排水良好为原则。各地甚至每个人都有自己的栽培基质组合配方，不必强求一致，以上3组组合配方仅供参考。

(3) 平整养护场地：选光照、通风、排水良好场地进行平整。如有条件最好叠成高畦，高畦高度各地应依据降雨量而定，雨多、雨量集中地区应高一些，降雨量少、雨季不集中地区可矮一些，或在排水良好情况下不叠高畦。畦宽以能摆放4～6盆，便于栽培养护为准，习惯上为1～1.5米。要求畦面平整，边缘坚固。

(4) 掘苗：用苗铲或铁锹将苗带土球掘出畦地。掘苗后有两种处理方法：一种为将土球外围宿土略除去一些，使其直径约在10厘米左右，将其丛生苗由基部剪去部分，仅留2～3株苗，然后栽植；另一种方法，将丛生苗土球用手拍散，使其呈裸根状态，然后在自然能分离处，用枝剪按单株带根剪离。

(5) 栽植：将花盆底部垫一层粗料（沤制腐叶土上面筛剩下的部分，也可用陶粒、蛭石、碎木屑、碎刨花、碎树枝等代替）厚度2～3厘米，将裸根苗或土球苗置于粗料上，并围一层无肥腐叶土，无肥腐叶土上覆5～8厘米厚栽培土，使肥不直接接触根系，防止根系受损。栽植时一手握苗，另一手用苗铲填土，随填随扶正苗，随压实土壤，最后填到盆深的1/3～1/2即可，刮平蹾实。

(6) 摆放：横平竖直地摆放在高畦上，盆与盆间拉开5～10厘米间距。高畦与高畦距离不应小于40厘米，盆宜保持整齐平稳。

8. 盆栽独本菊怎样养护？

答：上好盆的翻头苗可以培育独本菊。其养护如下。

(1) 浇水：日常养护中，浇水是一个非常重要的环节，在花谚中有“三年剪子，五年壶，接接靠靠当年熟”的说法，可见浇水的重要性。上盆栽好的菊花摆放好后浇透水，并将场地四周喷湿，增加小环境湿度，并保持湿润。通过缓苗恢复生长后，保持偏干。雨季及时排水。盆土的干湿除查看植物萎蔫情况外，尚可看盆土表面颜色，颜色较深有湿润感为不缺水；颜色较淡，发灰白色，有干燥感为缺水。还可查看盆壁，如上下颜色一致多为灰白色或浅砖红色，为盆土干燥；如有干湿明显两种颜色或深灰色或深砖红色为不缺水。还可用敲盆壁方法检验土壤含水情况，声音清脆无杂音为已经缺水；如果声音沉闷为土壤不缺水；如有劈裂声，是花盆有裂纹，应及时处理。长期观察积累经验，就可准确掌握浇水的时间和多少。

(2) 中耕除草：肥后、雨后土表板结时进行中耕，中耕不但能使盆土疏松，增强透气性，保持土壤墒情，在中耕时有部分根系被割断，被割断的根很快会形成愈伤组织，在愈伤组织上发生更多新根，与此同时老根上也会发生大量新侧根，由于根系大量增加，吸收养分能力增强，光合作用、蒸腾能力随之增强，植株生长发育随之健壮。杂草随时均有发生，杂草不但与菊花争夺水分、养分，还遮挡阳光，使土温降低，应及时薅除，除草宜小不宜大，小时根系易除，一旦长大，其根系与菊花根系缠绕在一起，薅除时很容易将菊花带出，遇有这种情况最好用枝剪或叶剪在草基部关节以下处剪除。

(3) 填土：当小苗长到超过盆沿时要填土，填土时宜将原盆土面疏松后再填土，填的土壤为园土30%、细沙土20%、腐叶土或腐殖土或废食用菌棒50%，另加腐熟厩肥15%～20%，应用腐熟禽类粪肥、腐熟饼肥或颗粒、粉末粪肥时为10%左右。填土时将基部需要埋入土壤的部分叶片摘除，防止因腐烂而损害植株。另外填土时应保持土面以上植株不低于8～10厘米。菊花有茎部发生新根的习性，所以要第二次、第三次填土促使新根发生。最后一次填土应不晚于8月下旬。实际上一株菊花有原来的根系及填土后发生的根系两层根，供充分开花之需要。

(4) 追肥：上盆后随着植株生长，土壤中的养分被大部分吸收利用，追肥是补充这些养分的唯一方法。一般情况上盆后15～20天开始追肥，每10～15天1次，应先淡后浓。追施方法可选用浇施或埋施。浇施时应将肥水直接浇于盆内土表，勿溅于叶片，浇肥后喷水洗叶。埋施可选用围施，也可选用点施，或分段围施。围施时将盆壁内四周土壤掘开一条深3厘米左右小沟，将肥料薄薄一层撒于沟内，用原土回填，压实刮平。分段围施指盆内沿周圈分段掘开土壤施入肥料。点施指在盆内土表用专用工具或木棍、金属管等扎几个小孔，将肥料置于孔中后再将四周土壤压实。埋施时勿损伤叶片。应用无机肥时，最常用的方法为对水成浓度2%～3%浇灌，或0.2%～0.3%浓度喷洒叶片，效果也很好。

菊花耐肥力强弱因品种而异。耐肥的品种叶片只有薄厚的区分，供肥不足叶片薄而瘦，充足供肥则厚而大。耐肥差的品种，如果供肥过量，叶柄扭曲、叶片反卷，应在追肥时加以区别。追肥至花蕾破镜（总苞片开裂）后停肥。应用无机肥时，开始追肥以氮肥为主，促使叶片增大加厚，后期（8月下旬～10月下旬）以磷、钾肥为主，氮肥为辅，一般情况浇2次磷、钾肥后，浇1次氮肥，防止空蕾出现，依次浇灌。对一些茎干细弱的品种，钾肥应适量增加，促使其挺拔。对土壤酸碱度大于8的情况，最好增浇矾肥水或硫酸亚铁溶液。

(5) 支杆：苗高30厘米左右，为防止倒伏，在茎干旁边1～2厘米处插杆绑扶。应用的杆最好为芦荻秆或竹竿，其长度要留茎干生长的空间，并随长随绑扎。花蕾透色后，在花蕾下将支杆用枝剪剪断，使杆支撑花蕾后最后一次绑好。支杆可多年应用，有条件时可将其用调合漆刷成绿色。对于一些花瓣较长而挺拔力较弱的品种，也可支花托，更能表现轮径的大小。

(6) 剥蕾：当主花蕾出现并长至3毫米左右时，侧蕾总花柄伸长时，自上而下陆续摘除侧蕾。如主蕾发育不良或有机械损伤或有病虫害时，留邻近1个侧蕾，将主蕾摘除。剥蕾时用一手掐着茎干先端，并用拇指保护主蕾，另一手轻推侧蕾，即会连同侧蕾带总柄折下，如总柄不能同时折下继续生长，需再次摘除。

9. 独本菊怎样在容器栽培中翻头？

答：容器栽培后翻头，多用于栽培量不是太大或无条件畦栽的情况。容器栽培翻头常用有两种方法，一种是小盆翻头，另一种是原盆翻头。

(1) 容器选择：小盆翻头常选用口径10～12厘米高筒瓦盆。原盆翻头选用口径18～20厘米高筒瓦盆。花盆应用前必须清洁完整，盆壁保持通透。

(2) 栽植土壤：常用土壤为园土30%、细沙土30%、腐叶土或腐殖土或废食用菌棒等40%，另加腐熟厩肥15%左右，应用腐熟禽类粪肥、腐熟饼肥、颗粒粪肥、粉末粪肥时为10%左右，翻拌均匀经充分暴晒后上盆。

(3) 摆放场地整理：摆放场地因分株时间不同有两种情况，一种分株在1～4月之间，应在温室内养护；另一种是4～5月分株，于室外养护。

室内养护场地整理：将准备摆放的场地内杂物清理出场外，将地面耙平。因室内通风较差，应喷一遍杀虫灭菌剂，习惯上选用40%氧化乐果乳油1500倍液，加75%百菌清可湿性粉剂600～800倍液，或20%杀灭菊酯乳油5000～6000倍液，加50%多菌灵可湿性粉剂500～600倍液，加40%三氯杀螨醇乳油。药液宜随用随对，并需每种对好后再混合，混合后立即喷洒。花盆按横向6～8盆、竖向依据室内进深而定为一方进行摆放，方与方间留40厘米宽操作空间，前窗下无光照处弃之不用，北侧为操作运输通道，宽度不应小于1.3米，理想宽度应为1.5米，规划好后做好标记。

室外养护场地整理：春季化冻后，选通风、光照、排水良好场地进行平整，并做成0.5%坡度，雨大、雨多、雨季集中地区，最好叠高畦，防止夏季雨涝，高畦的高矮可依据当地雨量而定，习惯上高度为20～30厘米，宽度为能摆放4～5盆为好。畦与畦之间不应小于40厘米，畦的方向依地形而定。

(4) 上盆栽植：

小盆栽植：于1～3月将已经生根的小苗脱盆，除去宿土，呈裸根状态，栽植于备好的口径10～12厘米高筒瓦盆中，每盆1株，用栽培土栽植。为使土壤通透排水较易，通常不垫底孔，并上满盆土只留水口。按南低北高，整齐地摆放在冷室内的栽培场地，浇透水，出现歪斜倒伏应及时扶正。如有积水找出原因及时处理。恢复生长后保持湿润至偏干，不宜过湿，以免产生徒长。每20～25天追肥1次。如果长势过强，可短截修剪，修剪下来的枝条可用作扦插插穗。室外自然温度夜间稳定于-5°C以上时，加大通风量，不再覆盖蒲席或保温被保温，使其适应室外环境，通过7～10天锻炼后，移至室外背风向阳场地，每日上午浇水。于6月上中旬短截或摘心，并于枝先端留4～5片叶，将下部及中部叶片及腋芽全部摘除，随之先端叶腋潜伏芽萌动，并随之长成腋芽或分枝，一部分茎干上未被损坏的腋芽也会萌动变为萌动芽或长成分枝，应及时掰除，促使地表以下发生新芽。当丛生的地生芽大多3～5片叶时，将老干连同基部未掰除的侧芽一同剪除。7月上旬脱盆栽植于口径18～20厘米高筒瓦盆时，可选用丛生苗中1～2苗，将其它苗剪除后，用栽培土栽植。也可脱小盆后去宿土呈裸根状态后，按单株带根分离后再栽植。

倒换大盆时有两种方法：一种为栽植后移至栽培场地；另一个方法为先将大盆在栽培场地按需要摆好后再栽植。栽植时不垫盆底孔，或只用塑料纱网垫孔，盆底垫2～4厘米厚的粗料，将翻头后的地生苗置于盆中央位置，使根系四散开后，填土至盆高的1/3～1/2，浇水后养护。

大盆栽植：直接选用18～22厘米口径高筒瓦盆，可选择先上盆，后摆放，也可选择先摆放后再栽植的方法。先栽植上盆时，于4月下旬至5月上中旬，将秋冬之际扦插成活的小苗脱盆土，除宿土直接栽植于大盆内，其方法仍为不垫盆底孔，垫3～5厘米厚粗料，小苗置于盆内中心位置，将根系四散散开，勿团拧在一起，一手将苗扶正，一手用苗铲填栽培土，随填随压实随扶正，填至盆高的1/3～1/2。栽植好后移至栽培场地。摆放时盆与盆间留5～10厘米通风空间，浇透水。发现有倒伏、不正及时找出原因进行处理。6月上中旬基部留4～5片叶将上部剪除，修剪下的部分仍能用作扦插插穗。苗较矮小时可选用摘心，也可由基部向上留2～3片叶剪除，或选用短截，先端留4～5片叶，将下部叶及腋芽用手摘除，促使发生地生芽。地生芽发生前，先端腋芽及干上生长的芽、侧枝应随时掰除。地生芽3～4片成叶时，将老干由基部剪除，留1～2株地生苗，其它苗全部由基部剪除。苗高15～20厘米时，第二次填土，2株苗者留1株健壮苗，另1株由基部剪除。第二次填的土壤为园土30%、细沙土20%、腐叶土或腐殖土或废食用菌棒等50%，另加腐熟厩肥15%～20%，应用腐熟禽类粪肥、腐熟饼肥、颗粒或粉末粪肥时为10%左右。第二次填土前应将被埋入的部分叶片摘除，如第二次填土仍不能填满时，应随生长进行第三次填土，这样新的根系会有2～3层，另外一些根系会由盆底孔扎入畦地中，形成一个庞大的根系，供1株苗营养消耗或利用，使苗的营养供应达到充足。其它养护管理与畦地翻头后上盆栽植相同。

先摆放好花盆再行栽植的方法，先将准备好的18～22厘米口径花盆摆放在栽培场地，仍用不垫底孔填粗料的方法上盆。栽培养护与先上盆后摆放相同。

10. 春季扦插苗能做独本菊栽培吗?

答：将春季3～5月份扦插成活的小苗分栽于10～12厘米口径高筒盆。也可直接栽植于18～22厘米口径高筒盆。小盆填满土，大盆填土为盆高的1/3～1/2。于6月上中旬，由基部（土表以上）留2～3片叶，将上部剪除，先端叶腋发生新芽后掰除，直至地表以下或临近地表处发生腋芽，这些腋芽作为栽培植株。一般情况下，这种植株的舌状花略少一些，但花瓣的伸长力强，花径大于秋冬季扦插的翻头苗，花期稍短。

11. 怎么栽培两本菊?

答：两本菊又称双头菊或鸳鸯菊，或称姊妹菊，为1盆1本，双株双花的栽培方法。与独本菊栽培基本相同，只是在翻头后留两株健壮程度、高矮相近似的植株，按独本菊栽培即能成功。

12. 怎样栽培多头菊?

答：多头菊指1盆1本3至十数花的栽培方法，其中包括3～7朵栽培。通常为显示栽培技艺，多选用容器栽培，也可前期畦栽，后期上盆栽培。

(1) 容器栽培：

容器选择：前期选用口径10～12厘米高筒瓦盆，后期换入口径16～30厘米高筒瓦盆，花盆应洁净完整。

栽培土壤：同独本菊。

栽培养护：选择矮型或中型植株，茎干挺拔易发生分枝的品种，于秋冬之际扦插，或老株分株。扦插苗按生根后分栽时间，分为经冷室栽培或直接露地栽培。经冷室栽培苗可依据花头数量早或晚分栽，需要花头数量多早分，需要花头数量少晚分。分栽于口径10～12厘米小盆中。为了便于养护，不论在冷室或露地均需摆放成方。苗高10～15厘米时，于基部土表以上留2～3片叶，将上部剪除，促生分枝，分枝5～6片叶时，留2～3叶将先端再次剪除，依次直至7月上中旬，最后一次摘心修剪将过强、过弱、横生、一干多分枝、病残枝进行剪除，仅留健壮程度、株干高矮基本一致的枝条继续栽培。

一般情况于5～6月份由小盆换入大盆。换盆时不垫盆底孔，盆内底部垫一层粗料，用栽培土栽植。前期每10～15天追肥1次，最后一次修剪15～20天后改为8～10天1次，追肥直至花蕾透色。生长期间每15～20天中耕1次，并随时薅除杂草。菊花生长期间喜湿润，稍耐干旱，不耐雨涝，一般情况每天上午或下午浇水，避开炎热中午。浇水时除浇入花盆外，还应将场地四周喷湿。

(2) 畦地栽培：春季化冻后，选通风、光照、排水良好场地进行翻耕，施入腐熟厩肥每亩3000～3500千克，应用腐熟禽类粪肥、腐熟饼肥、颗粒或粉末粪肥时为2000～2500千克，翻耕深度不小于25厘米，并使肥料均匀分布在20厘米土层内，耙平后做成0.1%～0.3%坡度。耙平后按地形情况耖埂分畦，按30厘米×40厘米株行距栽植。栽植苗可用扦插苗，也可用越冬的老株分株苗。栽植后即行浇水，保持畦土湿润。4月中旬至5月上旬，距地表向上15～20厘米处将主干短截，新芽发生后，将长势过强的侧芽剪除或短截，使所发生的芽健壮程度基本相等，同时生长。6月下旬至7月上旬掘苗带土球用栽培土上盆。其它与容器栽培基本相同。

13. 怎样栽培三叉九顶菊？

答：三叉九顶菊为1盆1本3叉变9叉后开9朵花的栽培方法。多选用瓦盆栽培，通常于3～5月份将秋冬扦插苗或越冬老株的脚芽进行分栽，或分株于口径10～12厘米小高筒瓦盆中，摆放于冷室或室外露地栽培，浇透水保持盆土湿润。缓苗后追液肥1次，肥后1周左右中耕铡根1次，截断部分老根促生新根。5月下旬～6月上旬，将主干由土面上5厘米左右将上面剪除，促使基部潜伏芽萌动变为新芽。再换入16～20厘米口径大盆中，换盆时尽可能将土球底部一部分土壤去除，使植株向盆下部压低，仍需保持盆土湿润。此时由主干发生3～5个分枝，分枝有5～7片叶时，将弱枝剪除，只留3个分布均匀的健壮枝，此3个枝条留4～5片叶再次修剪。这3个枝上新的分枝发生后，每个留3枚健壮枝，将弱枝剪除，使每个分枝上又有3个分枝，形成三叉九顶。花蕾出现后进行剥离，每个再分枝上留1个大小一致的花蕾，促使花期一致。二次修剪后，随生长将盆土填至留水口处。最后一次修剪应在7月下旬。生长期间10～15天追液肥1次，进入8月改为7～10天1次，追肥以磷钾肥为主，少施氮肥，以增强枝干的挺拔度。花蕾透色时换入瓷盆、陶盆等观赏价值较高的花盆。其它参考独本菊。

14. 怎样栽培案头菊？

答：案头菊又称矮壮菊、几案菊，是利用菊花的假年龄枝扦插，用矮壮素控制生长高度的栽培方法。栽培母本的方法常见有两种：一种是畦地栽培，另一种是容器栽培。选用母本的方法也有老本与扦插或分株苗，但最好选用越冬老本，越冬老本多为丛生株，株数多，经摘心或修剪后分枝多，获取的插穗也多，分株苗、扦插苗相对较少。

(1) 母本越冬：秋冬之际将开过花的老株在冷室、阳畦、小弓子棚中或壅土越冬。或稍加覆盖越冬，一些较耐寒的品种也可露地不加覆盖越冬。

冷室越冬：秋冬之际将开过花或切取脚芽后的老本或扦插苗，移至光照良好的冷室内，按南低北高摆放好，脚芽大部分发生时，将老枝干剪除。如脚芽发生不是很多，最好将脚芽由土表下切下扦插繁殖，促使新的脚芽发生。当脚芽较多，长有4～5片叶时，将老枝干由基部剪除，如枝干基部有强壮的侧枝也可保留。

室温白天10° C以上开窗通风，夜间-5° C以上不用覆盖保温，自然气温稳定于-5° C以上时，也可加大通风量，经过一段时间锻炼，移至室外背风向阳处。如果再次出现低温或雨雪天气，不必再覆盖保护，大风天气应做保护。

阳畦越冬：冻土前选通风、光照、排水良好场地叠挖阳畦。阳畦的大小按一张蒲席的长宽尺度叠挖，习惯上蒲席长6～8米，宽1.8～2米，故我们选用长8米、宽2米的种类，其阳畦应为长7～7.5米，宽1.5～1.6米叠制，深度不应小于40厘米。将开花后的植株老干稍作短截，带盆摆放于畦内，按时浇水。待自然气温0° C以下时，设支架覆盖塑料薄膜。盆土不过干不浇水。自然气温-5° C以下时再覆盖蒲席或厚草帘、保温棉被，白天掀开，夜晚覆盖，遇有大风大雪天气可不掀开，但雪后应扫除积雪后，再掀开保温物。翌春夜晚温度稳定于-5° C以上时，不再覆盖保温物，并于白天掀开塑料薄膜通风，通常4月初加大通风，逐步掀除塑料薄膜，移出阳畦，置露地栽培。

小弓子棚越冬：小弓子棚越冬有两种方法：一种方法是带盆置于棚内越冬，这种方法除防寒外，盆土干旱时需浇水，翌春移出棚外在原盆内或脱盆露地栽培；另一种方法是将开过花的老株脱盆栽植于小弓子棚内，翌春将小弓子棚拆除，变为畦地栽培，变春季栽植为冬季栽植。这种方法应在冻土前翻耕栽培场地，并施入腐熟厩肥每亩3000～3500千克，翻耕深度不小于30厘米，应用腐熟禽类粪肥、腐熟饼肥或颗粒粪肥、粉末粪肥时应为2000～2500千克，耙平后耖埂叠畦，习惯上畦宽1.5～1.6米，畦长4～6米，弓子棚最高处0.8～1.5米，建好后用防寒被、蒲席等覆盖，使畦土不被冻实。开花后的菊花老根脱盆按35～40厘米株行距栽植于畦内，浇透水覆盖塑料薄膜。夜间低于0° C时，再覆盖厚草帘、蒲席、保温被等保温、防风，夜间覆盖，白天掀开。大风大雪天气可不掀，雪后及时清除积雪，以免压坏弓子棚。冬季不过干不必浇水。夜间自然温度稳定于-5° C以上时，不再覆盖保温物，并于白天加大通风，待适应室外环境时，掀除塑料薄膜按时浇水。

露天覆盖越冬：于冻土前将选好的栽培场地施入腐熟厩肥每亩3500～4000千克，然后翻耕深度不小于30厘米，并将肥料在30厘米内翻拌均匀。耙平后耖埂叠畦，畦内耙平后，将菊花开花后的老株枝干剪除，脱盆栽植于畦中，浇透水，用蒲席、保温被等覆盖，冬季不必特殊管理。翌春化冻后掀除覆盖物，浇返青水，即能恢复生长。这种方法只适用于耐寒、生长健壮的品种，对一些长势较弱、不易发生脚芽、不耐寒的品种最好不用。

壅土越冬：多用于夏秋季畦地为留品种的备用苗，也可用于容器栽培开花后的越冬。其方法是在自然气温降至0° C以下，将畦栽苗剪去枝干或开过花的容器栽培植株剪除主干仅留脚芽，摆好后（可单摆也可叠摆）浇透水，水渗下后即壅土堆埋，壅土厚度10～20厘米。翌春化冻后，除去壅土按时浇水。

地窖越冬：多用于越冬数量不多或与其它花木共贮一窖，窖深0.5～2.5米。将老本剪除老干，盆内清理洁净，浇透水放入窖中，封顶后留通风孔。翌春3月惊蛰节气前后，自然气温夜间不低于0° C时开口通风，7～10天后移至露天背风向阳场地，黄芽很快会转绿，恢复正常生长。

(2) 母本栽培养护：可选用畦地栽培，也可选用容器栽培。为取得优良插穗，多选用畦地栽培，在没有条件畦地栽培时才采用容器栽培。

畦地栽培养护：容器越冬苗，翌春化冻后脱盆移栽至畦地。栽植前选好畦地进行翻耕，并施入腐熟厩肥每亩3000～3500千克，应用腐熟禽类粪肥、腐熟饼肥、颗粒或粉末粪肥时为2000～2500千克，耙平后秒埂叠畦，按35～40厘米株行距栽植，浇透水，保持畦土不过干，每20天左右追肥1次，肥后、雨后、土表板结时结合除草进行中耕，并将过弱枝、伤残枝、病虫枝随时剪除。苗高10～15厘米短截修剪。及时防治病虫害。

容器栽培养护：越冬的老株于4月底、5月初脱盆换土或更换大盆，盆土选用园土30%、细沙土30%、腐叶土或腐殖土或废食用菌棒40%，另加腐熟厩肥15%或腐熟禽类粪肥、腐熟饼肥、颗粒或粉末粪肥10%左右，经充分暴晒翻拌均匀，恢复常温后即可应用。置通风、光照、排水良好场地。5月下旬～6月中旬作短截修剪，剪下的部分可作繁殖插穗。侧枝发生后即行追肥，每15～20天1次，以磷、钾肥为主，氮肥为辅。其它与畦地栽培基本相同。

(3) 插穗选择：于6～7月依据品种出现柳叶点早晚，选取健壮、无病虫害的先端枝条进行扦插。选穗必须选用母本生长旺盛的先端枝条，这种枝条在生长阶段已经含有成花成分，如果不按矮壮菊要求标准（上下共有13片以上叶片），8～9月仍可选用这种枝条扦插繁殖小苗，仍能照常开花，常作商品菊栽培。

(4) 掘苗上盆：生根后选用口径10厘米高筒瓦盆，通常不垫盆孔或用塑料网垫，底部垫一层粗料。盆土选用普通园土10%～20%、细沙土20%～30%、腐叶土或腐殖土或废食用菌棒50%～70%，另加腐熟厩肥15%～20%，如应用腐熟禽类粪肥、腐熟饼肥、颗粒或粉末粪肥时为10%左右，应用复合无机肥应控制在2%～3%。除无机肥外，均应经充分暴晒，翻拌均匀后应用。应用无机肥，应在土壤暴晒后随应用随掺拌。上盆盆土一次填满，仅留浇水口。

(5) 摆放：上盆前选光照、通风、排水良好场地叠高畦，将上好盆的苗按横向不大于6盆摆放于高畦畦面，并将高株品种与矮株品种分别摆放。没特殊情况不转盆。

(6) 浇水：摆放好后即行浇透水。以后不干不浇水。干旱天气、风天多浇，阴雨天气、低温天气少浇或不浇。雨后及时排水。

(7) 追肥：随植株的生长，对土壤养分的吸收利用，会使有限的盆土中养分消耗殆尽，追肥是唯一补充土壤养分的方法，可应用浇施、埋施等方法。前期浇施15天左右1次，后改7～10天1次。应用无机肥应以磷、钾肥为主，氮肥为辅。如浇一次尿素隔7～10天浇一次磷酸二氢钾，隔7～10天再浇磷酸二氢钾，再隔7～10天浇尿素，依次循环浇灌。浇施量为对水浓度2%～3%。对一些枝干较瘦弱或花序总柄软弱品种，应适量增施硫酸钾，用量为浓度0.5%～1%促使茎干挺拔。埋施时每盆1～2克。

(8) 喷洒抑制素：小苗恢复生长后，晴好天气早晨喷洒，以后见茎干伸长后再喷。常用生长抑制剂有必久（B9）、多效唑、矮壮素（CCC、3C、三西）等。必久常用量为稀释150～250倍液，多效唑为1000～3000倍，矮壮素为250～300倍液。高株品种应浓度高些，矮品种浓度稀一些。通常花蕾总柄伸出后停喷。另外也可选用蘸涂方法，小苗恢复生长后，将配对好的药剂用毛笔或棉签涂蘸在生长点上，见茎节再次伸长时再涂蘸，其抑制作用是相同的。不论喷洒或蘸涂，最好加入0.3%无机肥，常用磷酸二铵、尿素、磷酸二氢钾。

(9) 中耕除草：土壤肥料虽然经堆沤发酵、高温暴晒，但在运输、装载、贮藏中仍免不了有草籽存活，加之栽培中风雨携带，仍会有杂草发生，应随发生随薅除。雨后、肥后、土表板结时中耕。

(10) 支撑：花蕾出现后设支撑捆绑。如果选茎干挺拔、花总柄较短的品种，栽培中适量施磷钾肥，一般应支撑花头，也可不支撑。

(11) 剥蕾：剥蕾是非常仔细的工作，一旦不慎，很可能前功尽弃。剥蕾时一手握茎干近蕾处，用手指护好主蕾，另一手向外推需要剥除的侧蕾，即能带总柄将其掰除。剥除时一定要将侧蕾总柄一同剥除，一旦留下总柄，仍会继续生长，还须再次掰除。如主蕾不正或有病残，应留下一个临近的侧蕾，将主蕾剥除。

15. 怎样平畦栽培商品菊？

答：商品菊栽培品种不宜过多，20～30个品种即可满足要求。选择植株低矮、枝干挺拔健壮、叶片端正、花序总柄短、花型端正、易上蕾、早或中期花，花色鲜艳、舌状花丰富、栽培较易、抗性强的品种。依畦栽的季节不同，分为春栽及伏扦两种。春栽能获得较多花朵，多为大盆栽培后供应市场。伏扦通常1～3花，多作小盆栽培后供应市场。

(1) 整理栽培场地：选通风、向阳、排水良好场地进行翻耕，翻耕前施入腐熟厩肥每亩3000～3500千克，翻耕深度不小于25厘米。耙平后即按地形情况进行秒埂叠畦，习惯上畦宽1.2～1.6米，长4～6米，畦埂踏实后宽度25～30厘米，以一脚横向能自由踏上作业为标准。埂高10～15厘米。秒埂应在埂两侧畦中取土，以求平衡。叠好埂后将畦内再次耙平。畦内土壤中如有杂物应清理出场地。

(2) 栽植：将扦插或分株苗按25厘米×30厘米株行距呈三角形按单株进行栽植。栽植后对畦内土表进行整体耙平。

(3) 浇水：栽植后即行浇水，土表见干后再次浇水，浇3～5次水后保持土表不干不浇水。暴上盆前1～2天畦内浇水1次，上盆后，保持盆土湿润，雨后及时排水。

(4) 追肥：每15～20天追液肥1次。选用埋施时为20～25天。应用无机肥对水成浓度2%～3%浇施，或0.1～0.3%喷施。埋施时可选用株或行间直接掘沟，也可呈井字掘沟埋施。应用无机肥也可撒施后浇水，亩施用量2.5～3千克，并以磷、钾肥为主。

(5) 中耕除草：肥后、雨后、土壤板结时中耕。杂草在适湿、适温环境中时有发生，除中耕结合除草外，应随发生随薅除。

(6) 修剪：春栽苗5月底、6月初，由地表向上留3～4片叶将上部剪除，分枝有4～6片叶时摘心，依次至7月中下旬，有些品种可延至8月上旬最后一次摘心。并随时将生长过强、过弱、横生枝、病残枝剪除或短截。

(7) 掘苗上盆及后期养护：9月中下旬至10月上旬带土球掘苗上盆。为保证土球不散，掘苗前浇一次透水，次日掘苗。上盆时先将盆底孔用塑料纱网垫好，垫一层粗料，四周用栽培土上盆。仍置耙平的原栽培地，浇透水，恢复生长后即行追肥，至花蕾透色。除特殊情况一般不支干。花蕾总柄伸长后剥蕾，每枝留1蕾。风雨天气覆盖保护，或移至冷室、阳畦、小弓子棚中养护。

(8) 伏扦栽培养护：伏扦指7～8月扦插成活的小苗，可畦栽也可盆栽。畦栽时平整土地、栽植等均与春栽苗相同，只是栽植季节不同，栽好后即行浇透水，保持畦地湿润。扦插繁殖早的摘1次心，晚的不再摘心，也可喷矮壮素控制高度。花蕾出现至透色间，带土球用栽培土上盆。其它与春栽苗基本相同。

16. 怎样用容器栽培商品菊？

答：商品菊用容器栽培方法如下。

(1) 容器选择：春栽苗选用口径16～20厘米塑料营养钵、瓦盆或硬塑料盆。容器宜清洁完整。

(2) 土壤选择：因受容器的限制，栽培土壤必须疏松肥沃，排水良好，足够一段时间菊花的生长发育需求。各地土壤类型复杂，应依据当地实际情况组合配制盆土。北方地区习惯上用园土20%、细沙土40%、腐叶土或废食用菌棒40%；应用瓦盆时为园土、细沙土、腐叶土或废食用菌棒各1/3，另加腐熟厩肥15%左右，应用腐熟禽类粪肥、腐熟饼肥、颗粒或粉末粪肥时为10%左右。

(3) 掘苗上盆：春栽苗先用10～12厘米口径小盆，不垫底孔，垫粗料，选用裸根上盆，随植株生长换入大盆。小盆栽培称为蹲苗。伏扦苗直接裸根栽植，栽植时先将备好的花盆底孔垫或不垫，垫一层粗料，粗料上中心位置垫一层无肥沙土，将小苗根系置于细沙土上边，用无肥沙土埋严，四周用栽培土填满并随填土随压实，直至留水口。

(4) 摆放：掘苗上盆前先将栽培场地进行平整，将场内杂草、杂物清理出场外，并做妥善处理。将高低不平的地方垫平、压实，并做成0.3%～0.5%坡度，或叠高畦便于排水。摆放时要考虑栽培养护方便，通常横向小盆不多于6～8盆，大盆不多于4～6盆，摆放宜南低北高，横成行、竖成线，长向可依据实际情况而定，但也不宜过长，给栽培养护造成不便。这样摆好的方阵称为一方，方与方间最小应留40厘米宽操作通道，四周留运输通道。

(5) 浇水：摆放好即行浇透水，水渗下后检查是否有因土壤压实不利而造成不正或倒伏，有发生时应及时扶正。保持土表见干即浇水。浇水宜在上午或下午，避开炎热中午。

(6) 追肥：生长期间每15～20天追肥1次，8月份改为每10～15天1次。应用无机肥对水成浓度2%～3%，后期改为3%～4%，但应视叶片变化而定，叶片变厚或扭曲反转时，应减少或降低追肥量或追肥浓度，无机肥往往使叶片变脆，但花瓣伸长力大、花轮大。应用根外追肥浓度应控制在0.2%～0.3%。除根外追肥外，浇施肥料时，宜直接浇于盆内土表，勿溅于叶片，以免因肥污损坏叶片。也可挖开盆土埋施。

(7) 修剪：春栽苗于5月下旬至6月上旬由地表以上留4～5片叶短截，当侧枝有4～5片叶时留2～3片叶第二次短截，直至7月中旬至8月上旬最后一次修剪。定株后将过强枝、过弱枝、过密枝、病残枝进行修剪。伏扦通常不修剪或做1次修剪。

(8) 换盆：通常第二次修剪后即由小盆换入大盆。

其它栽培养护同畦栽苗上盆后养护。

1. 菊花裸根苗

2. 垫好盆底孔

3. 盆中央放少量土后，苗放在盆中央根四散分开

4. 填土

5. 用手将四周土壤压实

6. 将盆土蹾实

7. 浇透水

图10　菊花上盆方法

17. 怎样栽培接本菊?

答：接本菊是指可在1株菊花上嫁接其它不同花色、花型的品种。嫁接用砧木有品种间作砧木，或属间作砧木两种情况。但嫁接方法和其它养护基本相同。可平畦栽培也可容器栽培。

嫁接季节多在6～8月，嫁接方法多选用劈接或切接。7～8月进行属间嫁接，其砧木多选用扦插苗或通过修剪的苗。在生产中，一些抗性较弱的品种，俗称难养或栽培较难的品种，可采用嫁接来降低栽培难度，嫁接苗长势健壮，开的花轮较大，舌状花丰富，花期长。

(1) 平整翻耕栽培场地：砧木栽植前，选择通风、光照、排水良好场地平整翻耕。先将场地内杂草、杂物清理出场地。施入腐熟厩肥每亩3000～3500千克，翻耕深度30～40厘米，耙平后秒埂叠畦。春栽苗按30厘米株行距，夏栽苗按25厘米株行距栽植，栽植后整畦耙平。

(2) 浇水：栽好后即行浇透水，保持畦土湿润，不宜过干，长时间过干影响砧木老化，给嫁接亲合带来困难。菊花、白蒿、黄花蒿均有喜肥、喜湿润，耐直晒的习性，但怕雨涝，故雨季应及时排水。

(3) 砧木选择：最常用的有白蒿、黄蒿及生长健壮的菊花品种。嫁接时选取先端鲜嫩主枝嫁接，过嫩不易操作，过老（中心部分已经木质化）不能良好亲合。

(4) 选接穗：选取枝先端稍挺拔枝条作接穗，同样不能过嫩或过老，选用劈接或切接。如想嫁接几个品种时，应选取花期一致、茎高相近、花轮大小基本一致的品种。

(5) 嫁接后养护：通常选用低位嫁接，距地面3～5厘米处。嫁接完成后，尽可能遮阳，成活后除去遮阳物。恢复生长后留3～4片叶进行摘心。侧枝出现后依据需要修剪成留1～3个枝条。如季节允许，可2次或3次摘心或修剪，最后一次修剪应在7月底。留得过早易出现柳叶头，过晚易出现封头。其它养护参考独本菊或多头菊栽培。

18. 怎样栽培大立菊?

答：大立菊是1本几十朵、几百朵花甚至数千朵花同时开放的栽培方法。常见有原本栽培及嫁接栽培两种方法。嫁接方法又有1本嫁接及2～4本靠接后再行劈接或切接的方法。1本嫁接多用于几百朵至千余朵，2～4本靠接后再嫁接多用于千朵以上至几千朵。原本栽培多在北方应用，最多可达千朵。作为栽培大立菊的菊花品种应易分枝、多分枝、枝干较柔软、花序总柄较长较柔软，花序端正、花色鲜明，叶形端正，花期稍早的种类。如‘银凤飘翎’、‘金波涌翠’等。

(1) 原本栽培：

①室内栽培养护：

扦插季节及扦插：多在10月中旬至11月选取距干茎较远处发生的脚芽，用竖刀或芽接刀切取，取下后如带根可直接用栽培土栽植。栽植容器可用12～14厘米口径小花盆，栽植时盆底垫一层粗料，刮平后再垫一层素细沙土，将苗根部置于细沙土表，再用细沙土覆盖根部使肥土不接触，四周仍用栽培土填满。如果不能带根可先在盆底垫好粗料，再垫一层细沙土，并用细素沙土将插穗土下部分埋好，不使插穗与肥土接触，四周用栽培土填满盆、刮平、压实，留出水口。

摆放：摆放前场地平整清理洁净并喷洒一遍杀虫杀菌剂，喷洒后无刺激味时即行按叶片互不搭接为株行距摆放，随生长冠径扩大拉开间距。

浇水：摆好后即行浇透水，并喷水冲洗叶片上沾的污物。保持盆土湿润，恢复生长后控制浇水，土表不干不浇，以促使发生新的根系。

追肥：室内栽培阶段20天左右追肥1次，可选用浇施，也可埋施。

修剪：苗高20～25厘米时进行摘心修剪，侧枝4～6片叶时留2～4片叶再次摘心。

换盆：第一次摘心后即更换到口径16～20厘米瓦盆中，换盆的土壤为园土20%、细沙土40%、腐叶土40%，另加腐熟厩肥15%左右，应用腐熟禽类粪肥、腐熟饼肥、颗粒或粉末粪肥为10%左右。这一阶段最好不用无机肥，以防干茎硬脆。

室内栽培阶段保持充足光照，室温最低不低于5° C，高于12° C开窗通风，进入冬季需要覆盖保温。如有杂草及时薅除，勤中耕，中耕稍深，最好能切断一些根系，以增加新根数量。室外自然气温稳定于5° C以上时，加大通风量，使其适应室外环境，7～10天后移至室外背风向阳、排水良好场地，恢复生长后继续摘心修剪。

②室外栽培养护：

准备栽培场地：选通风、光照、排水良好的场地进行平整。栽培容器有两种，一种是木桶栽培，摆放于栽培场地，另一种为用废箩筐埋于栽培场地，通常单排栽植，株间距1.5～3米。

栽培土壤：通常选用园土30%、细沙土30%、腐叶土或废食用菌棒或腐殖土40%，另加腐熟厩肥15%，应用腐熟禽类粪肥、腐熟饼肥、颗粒或粉末粪肥时为10%左右。土肥要求翻拌均匀，经充分晾晒灭虫、灭菌，或高温消毒灭菌后应用。各地可根据降雨量的多少，适当增减细沙土及腐叶土的含量。

换盆：将口径50～80厘米的木桶摆放在栽培场地后，桶底放一层厚10～15厘米的粗料，也可用陶粒代用，然后填栽培土至桶高的2/3～3/4处，刮平压实或浇透水沉实。废箩筐栽培，在选定好的场地掘穴，穴的大小按箩筐尺度而定，将箩筐放入穴内，上口留出10厘米左右在地平面以上，箩筐内填栽培土至与地面水平，刮平压实。木桶栽植时，将苗脱盆后将土球放置在土壤表面，扶正后填满土留10厘米左右水口；箩筐栽培时，在中心位置掘一栽植穴，将脱盆苗栽植于穴内，土表稍低于地面。

浇水：栽植后即行浇透水，以后保持土表不干不浇水。如因浇水等将土溅出容器外，应及时补充新土，雨天及时排水。

追肥：为保证土内养分充足，生长期间每10～15天追肥1次，8～9月改为7天左右1次。浇施时将壶嘴直接贴近土面，勿溅于叶片，埋施时可选用围施，分段围施及点施。围施即沿容器内壁将盆土掘出盆外或堆于盆内土表，深度10～20厘米，撒入肥料后原土回填。点施时用3～4厘直径的金属管或木棒等拉开间距在土表向下扎孔，将肥料灌入孔中后四周压实。肥后浇透水，至大多数花蕾总苞片裂开时停肥。应用无机肥对水成浓度2%～3%浇施。

中耕除草：中耕是保墒的措施，也是断根后增加新根的措施。农谚有“三耕六耙不耪不收”、“旱耕田涝浇园”之说，中耕俗称“耪田”，盆栽花卉中常称松土、钩土、揎土、扦土、扦盆等，在大立菊栽培中是非常重要的环节，一般情况10～15天中耕1次，中耕切断部分根系，使根成倍增加，根系多可增加分枝能力。杂草应随发生随薅除。

修剪：随侧枝发生生长，留3～5叶摘心修剪，直至7月下旬，有些品种可到8月上旬停止摘心修剪。

支撑：栽好后即立支撑，将过密及外围枝条向外拉，并随生长随增加支撑外拉，使其保持良好通风，防止叶片因通风不良而早枯，也利于内膛的分枝受光。

剥蕾：花蕾总柄伸长后，即每枝留1个主蕾，将其余侧蕾全部剥除，如主蕾不正或发育不良，应留1健康侧蕾代替主蕾，其余侧蕾剥除。

更换支架：大立菊冠径较大，需立支架支撑，如果在花圃搭建好支架，以后搬运到展览场地非常不便，故先搬运到现场再立支架。支撑绑扎大立菊的支架称拍子，水平或圆弧形，距容器高低依据枝条长短而定。管状花可设花托。捆绑花朵多用废旧通信电缆内的小铜丝或直径1.6毫米铝线，易固定又有支撑力。

(2) 嫁接苗栽培：

大立菊栽培的砧木多用青蒿、黄蒿或白蒿，上盆时间可分为秋季上冻前（箩筐栽培）或春季化冻后掘挖畦地苗上盆（木桶栽培）。多株靠接时，将2～4株同时掘苗栽植，间距不宜过大，待苗高5～20厘米左右时进行靠接，成活后即行摘心修剪。在发生的侧枝上再进行劈接或切接，成活后即行摘心修剪。其它同原本栽培。

19. 怎样栽培塔菊？

答：塔菊又称树菊，是一种用青蒿或黄蒿或白蒿做砧木，有主导枝，分期分批嫁接的方法。多个品种嫁接称为十样锦或十样景。栽入容器发生侧枝后即行嫁接，成活后摘心并支撑，将嫁接成活的枝条用线绳或塑料绳与支撑固定，并随嫁接随拉绳固定，可用1个品种也可用多个品种作接穗，但应考虑花期基本相同、花色艳丽、花瓣（舌状花）挺拔、花蕾总柄挺拔，枝长基本一致。栽培方法同大立菊。

20. 什么叫造景菊？怎样实施？

答：造景菊指多株组合成各种景物、动物、人形、文字等造型。可平面组合，也可立体组合，可应用大菊，也可应用小菊，也可用其它植物材料或其它任何材料共同组成景观。应用的材料应与造型造景主题相配合，如题材选用“采菊东篱下”，布置时应有一个山村小院，草屋竹篱茅扉，竹篱下、草屋前、茅扉旁自然式地布置菊花。如“天女散花”，选用绢人挽篮，篮中放菊花，地面布置菊花。在假山上可以用白花悬崖菊布置“千尺飞流”、“一泻千里”、“泻玉”等。可利用枯树在分枝处布置菊花，好似菊树。也可用铁丝制作空心字，再用菊花填空造成文字。总之可以利用菊花进行各种创意，创造美好景观、小品。

21. 小菊满天星如何栽培？

答：小菊满天星栽培，又称花坛小菊栽培。分为容器栽培及畦地栽培暴上盆。是小菊最普通的一种栽培方法。应用也非常广泛，如摆花坛、花带，布置各种造型，也可独立观赏。

(1) 容器选择：依据用途可选用口径16～26厘米瓦盆，应用高筒盆则更好。容器应完整洁净。

(2) 栽培土壤：容器栽培多选用园土、细沙土、腐叶土或废食用菌棒或腐殖土各1/3，另加腐熟厩肥10%～15%，应用腐熟禽类粪肥、腐熟饼肥或颗粒、粉末粪肥为10%左右，掺拌均匀，经充分暴晒灭虫灭菌后应用。组合栽培土壤时，只要疏松肥沃、富含腐殖质、排水良好即能应用。

(3) 上盆栽植：依据扦插苗或分株苗生根时间，可于5～8月裸根上盆，5～6月单株栽植，7～8月2～3株组合上盆。上盆时先将花盆底孔用塑料纱网垫好，垫一层粗料后用栽培土栽植。

(4) 摆放：上盆前将栽培场地进行清理平整，并按方规划出摆放及操作通道的位置，将上好盆的植株按北高南低摆入方内。

(5) 浇水：摆放好后即行浇透水，保持盆土不过干，过干老叶会产生枯萎，一旦枯萎将无法挽回。雨季及时排水。

(6) 追肥：生长期间每10～15天追肥1次，7～9月改为7天左右1次，直至现蕾。可浇施也可埋施。应用无机肥对水成浓度2%～3%浇施。

(7) 中耕除草：肥后、雨后中耕，6月中旬、8月中旬深中耕各1次。杂草随时均有发生，随发现随薅除。

(8) 修剪：小苗恢复生长后，由土面往上3～5片叶处将上部剪除，侧枝有4～5片小叶时，留3～4片修剪。7月下旬～8月上旬定头，最后一次摘心修剪。花蕾透色后，将过强枝、过弱枝、病残枝剪除，按要求可剥蕾或不剥蕾，整形修剪后应用。

22. 怎样栽培悬崖菊？

答：悬崖菊又称凤尾菊、孔雀菊等。对品种的要求相对比较严格，要求主枝节间大，能充分伸长，分枝多而挺拔，花形端正，花色明快。

(1) 扦插或分株季节：依据需要主干的长短，可由11月初至翌年4月进行扦插或分株繁殖，一般情况11月至翌年2月多选用扦插，3～4月多选用分株。扦插时选离茎干稍远的脚芽，取下的脚芽带根时可直接栽植于栽培土中，如不带根，进行扦插或卷一个纸筒，纸筒直径3厘米左右，高与小盆高基本相等，纸筒内填满沙土，将插穗扦插于细沙土内，放置于小花盆内，四周填栽培土，插穗生根钻出纸筒，即能吸收养分，这种方法也称纸筒扦插或双层土扦插。

(2) 容器选择：11月至翌春2月扦插或分株苗，前期选用口径12～14厘米高筒小盆，天暖出房后换入20～30厘米口径高筒盆或专用盆。2～4月扦插或分株苗，前期选用10～12厘米口径高筒小盆，苗高20厘米以上时换入18～20厘米口径高筒盆或悬崖菊栽培专用瓦盆。花盆应完整清洁。

(3) 栽培土壤：常用栽培土壤为普通园土、细沙土、废菌棒或腐叶土或腐殖土各1/3，另加腐熟厩肥15%～20%（前期15%，换盆时为20%），应用腐熟禽类粪肥、腐熟饼肥、颗粒或粉末粪肥为8%～10%左右。

(4) 栽植：小苗成活后，裸根用栽培土栽植于小盆，按时浇水，通常蹲苗后换入大盆。

(5) 追肥：生长前期每10天左右追肥1次，7～9月份改为7天左右1次，并以含磷、钾较多的肥料为主。追肥应先淡后浓，间隔时间先长后短，不干不浇灌，肥后保持盆土湿润不过干，即“肥大水大”之说。追肥可浇施也可埋施，但以浇施为主，既方便又省力。

(6) 中耕除草：一般情况中耕结合除草同时进行。作为悬崖菊需要较多较大的根系，才能吸收更多的养分，供高大的地上部分消耗应用，故需要每10～15天深中耕1次，使部分根被切断，促使更多新根发生，深中耕至9月中旬后改浅中耕。

(7) 支杆：插在盆内的支杆常用材料有8号镀锌铁丝（直径4毫米），或竹劈、荻秆，在场地地面设的支架多用竹竿或金属管、木棒等捆绑而成。当小苗高30厘米以上时，为防止倒伏，在盆内可先用小短竹竿直立捆绑，移至室外后换栽培造型支架。室外多为单排或多排摆放，并多以东西向成排。按排设支架，东西向每隔1～1.5米设立杆1根，埋入地下部分不小于0.4米，地上部分2～3米，材料可选用粗竹竿、直径20～25毫米金属管，也可用粗木棍或5厘米粗以上方木杆，埋好夯实后，从基部及向上至先端设3～4排横拉杆，风多地方还要设支撑杆或拉线，在支撑杆侧面的地面约35°～40° 角位置摆放栽好苗的花盆。盆内放置的造型支架呈阶梯或拍子形，基部斜插于盆内，先端固定于地面的支撑杆上。

(8) 绑扎摘心修剪：摆放好后，将苗绑扎在面向南、向北倾斜的造型支架或拍子上，向南的枝条节间短，叶柄短，花总柄也短，枝条总长度也较短；面向北则反之。基部侧枝发生后，留4～6片叶摘心，中部枝留3～5片叶摘心，先端枝留2～3片叶摘心。基部侧枝及地生芽枝7月中下旬最后一次摘心，中部枝8月上旬停止摘心，先端枝应在8月中下旬停止摘心，使生长期取得一致。发生的侧枝及侧枝的各级分枝应随生长随绑扎，并引领一些较长的枝条填补空缺的地方，使其分布均匀。花蕾透色时，将盆内支架与地面辅助支架在先端拆离，轻轻放下拍子，并使先端下垂，即成为悬崖菊。

23. 怎样栽培嫁接悬崖菊?

答：用蒿属植物做砧木嫁接菊花制作悬崖菊，方法与原本的基本相同。蒿属植物多为二年生，夏秋季播种后，第二年春季枝干才能展开生长，侧枝发生后在侧枝上嫁接菊花，嫁接成活恢复生长后进行摘心修剪。其它栽培方法参照原本悬崖菊。

24. 怎样栽培松菊?

答：松菊的造型很像桧柏的树型，栽培方法与悬崖菊基本相同。秋冬之际将扦插或分株苗栽植于小盆中，春季出房后，脱盆按1～4株倒换入口径40～60厘米大盆或木桶中。选用的支架多为直径4～5厘米竹竿，每株直立1根，一般情况不再设斜架。其它参考悬崖菊栽培。

25. 怎样栽培盘菊？

答：盘菊也称碟菊，为一种菊花现蕾时或将近现蕾时，利用假年龄枝扦插组合的栽培方法。于10月份选盘、碟等为栽培容器，用稍有黏性、经充分暴晒或高温消毒灭菌后的土壤，加水后呈糊状，中心高四周低压入盘中，压实压牢。选取母株已经现蕾的枝条先端3厘米左右长，经修剪后组合扦插于备好的盘中土壤中，扦插时先用木棍等在土表扎孔，将插穗置入孔中扶正，四周压实，喷水至透后保持土壤湿润，置半阴场地。恢复生长后，喷洒3%磷酸二氢钾作追肥，肥后将土面用苔藓覆盖。现蕾或开花后即可展出或供应市场。

26. 怎样栽培微型盆栽小菊？

答：微型盆栽是在7～9月份利用假年龄扦插苗通过小营养钵栽培，花现蕾后换入微型盆的栽培方法。这种栽培方法不但适用于小菊，也适用于太平洋亚菊、荷兰菊、北甘菊等多种菊科花卉。小菊微型盆栽，多用满天星栽培最后一次修剪下来的枝条进行扦插繁殖，生根后即用6～10厘米小营养钵上盆。盆土选用普通园土、细沙土、腐叶土各1/3，另加腐熟厩肥10%～15%，上盆后置半阴处缓苗，恢复生长后移至直晒处，喷洒1～2遍矮壮素（因品牌不同按说明喷洒），追1～2次稀释成2%～3%浓度的磷酸二氢钾。花蕾将要透色时，换入4厘米左右小口径硬塑料盆或瓷盆，仍置直晒下，喷水保持盆土湿润，通常5～7天即可恢复生长，并能良好开花。

27. 怎样栽培小菊盆景？

答：栽培小菊盆景是栽培技术与造型艺术的结合。小菊在人为控制下，能由一株宿根草本变为多年生亚灌木，但造型很可能每年都有变化。

(1) 栽培容器选择：常用普通瓦盆或苗浅作栽培容器，定型后换入观赏价值较高的紫砂盆、陶盆或瓷盆中。花盆的形状最好与植株造型相匹配，植株为正三角造型时，应选择圆盆、方盆、六角盆；不等边三角形造型除选上述盆外，还可选用马槽盆或长条盆、椭圆盆；小悬崖式、半悬崖式可选用签筒盆；丛林式造型多选用长条盆或椭圆盆。盆壁色彩不宜过于鲜艳，画面不宜过于华丽繁杂，以免显得杂乱或喧宾夺主。容器须保持清洁完整。

(2) 栽培土壤选择：选用普通园土40%、细沙土20%、废食用菌棒或腐殖土40%，另加腐熟厩肥10%～15%，应用腐熟禽类粪肥、腐熟饼肥或颗粒粪肥或粉末粪肥时为8%～10%，翻拌均匀，经充分晾晒灭虫、灭菌后应用，或放在干燥环境贮藏待用。换盆时如利用原旧盆土，可加少量肥翻拌均匀应用。

(3) 上盆栽植：扦插或分株苗于秋冬至春季上盆，初上盆栽培在口径12厘米左右小瓦盆中，上盆时最下层垫一层粗料，粗料上填栽培土栽植。栽植时依据造型需要，栽植于盆中心或偏向一侧，或直立或斜置。随生长换入大盆。

(4) 摆放：摆放分为保护地摆放与露天摆放两种情况。秋冬扦插或分株苗分栽后，多数需要有冷室、阳畦、小弓子棚保护越冬后，再移至室外露天栽培。春季扦插或分株苗分栽后，可直接在露天栽培。作为展示植株，多数容器栽培，商品苗可畦地栽培。摆放前先将栽培场地进行整理，将场地内杂草、杂物清理出场地，并做妥善处理。平整后喷洒一遍灭虫灭菌剂，无刺激气味后将场地按方画出标记，并画出养护通道，再将上好盆的苗摆于方中。自然气温稳定于-5° C以上时加大通风量，稳定于-3～0° C时移至露天栽培。春季扦插或分株苗可直接露天摆放栽培、或畦地栽培。成型后摆放应按造型、受光情况摆好，不能因摆放而影响光照，造成生长紊乱。一般情况应将伸长部位朝向光照方向。

(5) 浇水：栽植后即行浇透水。恢复生长后土表不干不浇水。雨季及时排水，干旱天气早晚向枝叶喷水。换入高密度材质盆后，严格保持盆土不干不浇。

(6) 追肥：生长期间每10～15天追肥1次。追肥应先淡后浓，先间隔时间长，后间隔时间短。换盆后一般情况不再追肥。

(7) 中耕除草：参考独本菊栽培。

(8) 换盆：花蕾出现至透色时换盆，置半阴环境缓苗，恢复生长后最后定型。

(9) 修剪整形：毛坯修剪或称前期修剪，苗高10～15厘米时摘心修剪，侧枝有3～5片叶时留2～4片叶修剪，依次以同样方式修剪3～5次后，依据长势及形态作雏形修剪，同时用直径1.6～2.0毫米铝线或1.0～1.2毫米铜丝或铁丝缠绕造型。或在贴近枝干处加一根直径2.6～3.2毫米的镀锌铁丝，再将其与枝条一同缠绕后弯曲盘扎造型。

盘扎修剪或称蟠扎造型千变万化，下面介绍几种最常见的形式，仅供参考。

单干式：指1盆1干的造型方法，又分为直干式、斜干式、卧干式、曲干式、半悬式、悬崖式等。直干式茎干直立，上面总体呈三角形或不等边三角形。一般情况各分枝间修剪成互生状，再修剪盘扎成片。斜干式是将主干斜置，多选用长条盆或马槽盆，栽植于盆的一侧约1/4～1/3处，主干斜向空间多的一侧，基部第一个侧枝应是平行伸向空间小的一侧，以求平衡稳定，上下各空间应疏密有致，有高有低，有大有小各有变化。卧干式将主干横向贴近地面，然后回弯至中心部位，在直立左右作片，上部总体可呈正三角形或不等边三角形。曲干式是将主干呈弓子形作弯，习惯上做两弯半，在弓子外侧侧枝上及顶部作片。半悬式指悬垂部分不到签筒底部，而悬崖式多长于签筒底部，与悬崖菊不同的是主枝上分若干片组成空间。

双干式：多用于单干所发侧枝位置不当或缺陷，用作填补之用，造型方法同单干式。

连理式：又称过桥式，多在毛坯修剪时基部留1～2株，另一株较长的弯成拱桥式，先端压入土壤后再直立起来，拱上留1～2枝组成空间的方式。

丛干式：指1～2干通过2～3次低位修剪后，在发生的侧枝上修剪作片，成各种空间组合的方法。

丛林式：选多株造型后再组合，多分为两组，一组较大较高，株数较多，另一组较小较矮，株数较少，两组间有空间距离。

枯桩式：指将菊花依附于枯木桩的造型方法，通常有依附式及穿孔式两种。依附式是将枯桩背面用刻刀按菊花茎干的直径刻一小槽，将茎干压入槽内并做固定，外覆青苔或树皮，使茎干不外露。穿孔式是在枯木上纵向或斜向用钻穿孔，再将菊花苗期时穿入孔中，基部菊花根系露出或不露出，经栽培营造空间。

依石式：指将菊花依附于景石上的组景方法，与枯桩式相同，有依石式及穿石式两种方式。

掏爪露根式：将部分根系露出土壤外依附在枯木、景石上的造型方法。于苗期先在栽培场地摆好装有栽培土的花盆，口径20～30厘米或苗浅，在土壤上立一个劈开的竹筒，竹筒高10～20厘米，内填沙土，将小苗栽植于竹筒内，浇透水，苗高10～15厘米摘心修剪以后，按毛坯修剪及整形盘扎，浇水时直接冲根，将竹筒中的沙土大多冲出筒外，设支干支撑，根系扎入栽培土后除去竹筒，定型后换盆。

(10) 小菊盆景古桩式栽培：其方法是在小菊盆景栽培中发现脚芽发生时，即将其由基部切除，并坚持随发生随切除，茎基部至中部发生的侧芽也同时掰除，使根部吸收的养分、水分集中供应中上部枝叶，中部以上发生的侧芽或分枝芽保留，这类芽很脆弱，且在空中基部生出幼根，一旦磕碰有可能脱落，养护中应特别护理。此时因根系已经老化，新根很少或无新根，盆土应保持偏干，增加通风光照，出房后侧枝才能逐步与老干牢固结合，但仍较为脆弱，仍需捆绑防风，并做新的造型修剪。栽培得当，一株小菊能存活7年以上。

28. 栽培中菊花叶片变黄是什么原因？

答：叶片变黄原因很多，常见有：

(1) 水黄：长时间盆土过湿引发嫩叶变黄、变薄、变小。日常养护中选用通透好的栽培容器，应保持盆土润而不湿，土表不干不浇。勤中耕，盆土保持疏松通透。雨天及时排水，防止涝害。保持通风良好，即可防止或减少变黄。如果养护及时，这种黄叶通常能恢复良好生长，不干枯脱落。

(2) 阴黄：长时间光照不足，通风不良，造成茎干细弱，叶片嫩黄，遇有过湿全株死亡。应逐步将其移至直晒处栽培，即能恢复正常生长，原有小叶不能恢复生长，但新生叶会逐渐增大。

(3) 旱黄：盆土长时间过干，叶片萎蔫枯黄。应按时浇水，不要使其过度萎蔫再浇水。旱黄常造成叶片变小、皱褶、暗黄、下垂，旱情不严重时尚能恢复生长，严重时干枯脱落，甚至死苗。

(4) 肥黄：施肥过多、浇水不足，造成肥害而叶片干枯变黄，多在施肥后即发生。较轻时尚能恢复生长，但黄叶不能恢复，严重时全株枯死。追肥宜淡而勤，不能过浓。

(5) 缺素黄：生长期间土壤中含氮量不足，新叶变小、变薄、变黄。含铁不足新叶变黄停止生长，叶缘枯焦。含锌不足，植株矮小，停止生长，叶片焦黄。应按时追有机肥，即能恢复生长。对一些缺素地区应作土壤化验，依据缺素情况追加所缺元素。

(6) 虫黄：由于受某种虫害使叶片变黄，如螨类、蚜虫类及地下害虫引发叶片皱缩变黄，应及时防治。

(7) 病黄：受病毒侵害引发的黄斑叶，叶片皱缩、变小。为防止传染，应即发现即拨除烧毁。

(8) 药黄：农药选择不当或应用过量而引发的叶片变黄或枯焦，应正确选用农药，按合理剂量施用。

(9) 寒黄：一般情况菊花越冬芽能耐-15°C～-25°C，叶片能耐-5°C～-10°C，花瓣能耐0°C～-5°C，低于这个温度会产生冻害而叶片枯黄。

(10) 老黄：菊花叶片在无伤害情况下能生存300多天，随后逐步进入老化，变黄后枯萎、脱落，为正常新陈代谢。

29. 菊花在展览厅中怎样养护？

答：展品放进展厅前进行最后整形修剪，按设计方案进行摆放，留出足够安全的参观通道，浇透水，尽可能将门窗打开，并关闭所有取暖设施，室温保持0～10°C为最好。温度过高加大通风，温度低于-5°C时或风大天气关闭门窗。盆土保持偏湿。若光照过弱，通风不良，最好分批分次展出，第一批入室展出后，在栽培地准备第二批展出品，7～10天后用第二批展品替换第一批展品，依次替换至撤展。

30. 将选购的菊花运回家后，如何养护才能延长观赏时间？

答：菊花运回家后，即摆放在通风、光照良好场地，保持盆土偏湿。如有条件白天移至室外，如果室外自然温度不低于0° C，可不必移至室内，遇风天或自然气温低于0° C时，应移至室内有光照处，即能延长观赏时间。

31. 菊花叶片出现皱褶是什么原因？

答：有些品种属反转叶类，如‘紫霞万缕’、‘雪涛’一般栽培中即会有皱褶叶发生。其它类型叶片出现皱褶，主要是土壤中含肥或追肥过多、过猛所致。在栽培中要勤观察叶片，出现皱褶时停止追肥一段时间，叶片恢复正常后调整追肥量，即可防止这种现象发生。

32. 菊花叶片浓绿较厚，但硬脆易折损是什么原因？

答：这种现象多发生在应用无机肥栽培，无机肥能使组织细胞分裂加快，间隙变大。浓绿、厚实说明供肥充足，但越充足越脆，也易折损。

33. 在展厅中看到同一个白色品种中如‘高原之云’、‘温玉’有的带有偏红色、有的偏青色是什么原因？

答：这种情况多发生在花朵怒放期，并光照充足的条件下。栽培中多数时间应用无机肥，花色偏青；应用有机肥花色偏红。陈设期光照不足，这种情况不明显。

34. 怎样防止出现柳叶头？

答：柳叶头多发生在体内成花素已经大量积累，但日照仍在10小时以上，小花不能正常生成而转变成小叶的现象。另外与品种有关，有的品种习性上就先出现几个柳状叶后才正常开花。这类品种应在翻头时晚翻几天，或定型修剪时晚几天，也可选留晚出现的翻头脚芽，即能避免或较少柳叶头发生。

柳叶头

35. 怎样防止封头现象发生？

答：发生封头现象原因很多，诸如翻头过晚，脚芽出土过晚，前期长势过弱，栽培土壤贫瘠或缺素，生长年龄不足，前期供肥不足，中后期供肥过猛，供肥不均衡，自然气温低温期提前，长时间光照不足，长时间通风较差，均会产生封头。也有一些品种如‘瑶台玉凤’、‘南朝粉黛’对短日照敏感的品种，花芽形成前后，通风光照必须良好，否则极易产生封头。遵循各品种自然习性，选好栽培场地，按时翻头或选穗扦插，按时定头定株，按时按量追肥，即能避免或不出现封头现象。

封头

36. 栽培的案头菊，8月下旬茎干越来越粗，出现花蕾后又有些变细，是供肥不足造成的吗？

答：这属于生长期自然现象，当成花素在体内大量集聚时，茎叶组织制造的养分也大量集中于植株先端，加快花芽分化花朵形成，故形成茎干加粗叶片也变大，这一部位多发生在花蕾下3～4片叶处，再向上逐渐变细。

37. 辨认菊花品种，什么部位的叶较标准？

答：辨认菊花品种，应该茎叶结合辨认较为准确。仔细观看全株上、中、下三部分叶片是有一定差别的，有的差别大。较为标准的叶片应该是由基部向上数第七片叶、由先端向下数第七片叶，两者中间的叶片。

38. 什么叫凤头？与栽培有什么联系？

答：凤头指一些开花后期，在花盘中心筒状花中又生出一些舌状花的现象，称为出凤，或称凤头。是在栽培土壤肥力充足下产生的。一些品种发生凤头现象极为容易，有些品种难以发生。一些开花后期露心的品种，如‘百鸟朝凤’、‘白露秋风’等易发生，单瓣类则少有发生。栽培中应在花蕾总膜片绽开时停肥，或伏扦等发生率低。

39. 怎样防止犟花现象？

答：犟花现象指植株生长健壮，开花时花瓣皱曲不伸展，甚至出现空蕾、盲花。这种现象多发生在施肥过多、过暴，施用氮肥过多，磷钾肥不足或缺少所造成。追肥应先淡后浓，逐步增多，即能防止这种现象发生。

40. 家里购买的菊花，冬季花朵败了以后怎样养护，明年秋季还能开花？

答：将基部以上枯枝枯叶剪除，浇透水放在泡沫塑料箱中，或用塑料袋罩好，放在冷凉的地方（0° C～10° C），一冬都不用浇水。3月份打开，浇水，放在阳光下养护。夏季摘心、修剪、施肥等可参看前面的介绍。

41. 在阳台上怎样养菊花？

答：菊花喜通风、光照良好。光照不足、通风不良，不能正常开花或不能开花。所以最好选择有全天直射光的南向阳台养护。花盆应依据栽培类型确定口径的大小，最好选用高筒瓦盆。盆土选用普通园土30%、细沙土30%、市场供应的腐殖土40%；园土为沙壤土时为60%、腐殖土40%；另加市场供应的腐熟厩肥10%～15%，翻拌均匀后，经充分晾晒，恢复常温后上盆。上盆的季节依据选型分类或个人喜好而定，于4～9月均可进行。

裸根上盆苗应放置于光照明亮半阴处，恢复生长后逐步移至光照直晒处。生长期间每10～15天追液肥1次，追肥以磷、钾肥为主，少追氮肥，进入9月份改为7～10天1次。浇肥最好在傍晚进行，强苗多浇，弱苗少浇。盆土要保持见干见湿，中午叶片及先端嫩茎稍有萎蔫时，晚间或早晨浇水，有促生新根或根系伸长的效果。3～5天转盆1次（悬崖造型不转盆）。肥后、雨后或土壤板结时松土。其它参考各种造型方法。

花期时如摆在室内观赏，最好3～5天移至室外复壮几天再摆回去，或每天晚间移至室外。室温过高、通风不畅、光照过弱、空气过于干燥，均会使花期变短，花半开后，如能保持0° C～10° C温度环境，可延长花期。

花后由老茎基部距地表向上10厘米左右剪除，仍移至敞开阳台光照充足处，保持盆土不过干。当夜间出现-5° C气温时，连同花盆罩双层塑料薄膜罩，或连盆装入泡沫塑料箱中，每7～10天掀开检查，缺水时补充浇水。翌春3月掀除覆盖物，按时浇水，遇有雨雪天气也不必覆盖。开始萌动生长后，即可分株栽植或扦插成活后栽植。家庭环境春季扦插，多选用无肥沙土类，并应罩塑料薄膜罩，成活后掀除覆盖物，锻炼7～10天后即可分栽。

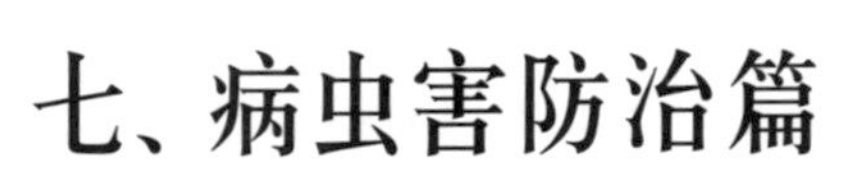

七、病虫害防治篇

1. 怎样防治菊花褐斑病?

答：褐斑病又称斑枯病，是一种在菊花上危害严重的病害，我国南北方均有发生。发病初期叶片上出现圆形或椭圆形大小不一的紫褐色病斑，以后变为黑色或黑褐色，病处与健康部位界限明显，后期中心变为灰色，病斑随发展会连成大片。病叶由基部开始逐步向上发展，严重时中部以下叶片全部染病。病菌随风雨、人为喷水或机械损伤传播。北方地区多于秋季发病，潮湿、通风不良易发病。

防治方法：

(1) 加强通风光照，尽可能减少人为机械损伤，如有发病尽可能不用喷水浇灌。生长期间多施磷钾肥，少施氮肥。

(2) 发现病叶及时摘除，发病严重时将植株由基部剪下，集中烧毁，切勿乱扔造成病菌扩散。

(3) 有病史花圃，于发病前喷洒50%甲基托布津可湿性粉剂500～800倍液，或65%代森锌可湿性粉剂600～800倍液，每7～10天1次，可预防发病。

(4) 发病初期可喷洒75%百菌清可湿性粉剂600～800倍液，或50%多菌灵可湿性粉剂500～600倍液，每7～10天1次可抑制病情发展。

2. 发现菊花立枯病怎样防治？

答：立枯病多发生在幼苗期，发病初期小苗缺少生机，停止生长，随之叶片萎蔫下垂，根干结合处出现褐色，病处茎干变细，出现水渍状腐烂。自然状态下，病斑处会产生褐色菌丝体，病菌在病残体上越冬。盆土潮湿、应用旧盆土、土壤未经充分暴晒或高温消毒灭菌，应用未充分腐熟的肥料，日灼，人为机械损伤，阵雨暴晴时都有可能发病。

防治方法：

(1) 栽培土壤需经充分暴晒或高温消毒灭菌后应用。所有肥料必须充分腐熟。不用有过病株的旧盆土。

(2) 浇水、浇肥直浇于盆中，勿溅于叶片，肥后、雨后用清水喷水冲洗叶片。雨后及时排水。

(3) 发现病株立即拔除集中烧毁，土壤进行消毒。

(4) 有病史花圃及栽培场地，于发病前喷洒50%多菌灵可湿性粉剂600～800倍液，每10天左右1次，连续喷洒3～4次。

(5) 发病初期喷洒50%多菌灵可湿性粉剂或福美霜可湿性粉剂600倍液，有抑制病情作用。

(6) 病情严重场地，可用50%福美霜可湿性粉剂，每亩用量0.5～0.75千克加细沙土或细土20千克配成毒土，填放于土表下2～3厘米处，有较好的预防发病效果。

3. 发现菊花黑斑病如何防治？

答：黑斑病是菊花常见病害之一，南北方均有发生。发病初期叶片上发生褐色小斑点，随后逐步扩大变成黑褐色不规则圆形、椭圆形、矩圆形斑块，随病情发展会连成片，病斑四周界限明显，病斑处变为褐灰白色，并产生多数小黑点，晴好干燥天气有粉末状物弹出，潮湿环境呈黑色霉状物，造成叶片枯黄、枯萎，但暂不脱落。病菌在病残体及土壤中越冬，借风雨、人为刮蹭、喷水等传播。空气潮湿、通风不良环境易发病。

防治方法：同褐斑病。

4. 发现菊花白粉病如何防治？

答：白粉病多发生于天气干旱、通风不良环境，春夏季危害较重。初发病多在叶片出现黄色小斑点，而后逐步扩大成片，出现白色粉状物，随后布满全叶，嫩茎、嫩叶、嫩芽变形，停止生长，严重时全株枯死。病菌多在植株残体上越冬，借土壤及风雨传播。

防治方法：

(1) 初发病数量不多时，可将病叶摘除集中烧毁或深埋。

(2) 有病史花圃，于花后及时剪除地上部分，连同地上落叶集中烧毁或深埋，切勿作沤制腐叶土材料。

(3) 繁殖生长期间喷洒50%多菌灵可湿性粉剂800～1000倍液，每10天左右1次，连续3～4次，可预防发病。

(4) 发病初期喷洒75%百菌清可湿性粉剂或70%甲基托布津可湿性粉剂500倍液，或50%苯莱特可湿性粉剂2000～2500倍液，7～10天1次，连续3～4次可抑制病情发展。

5. 发现菊花锈病怎样防治？

答：菊花锈病发病率在南方高于北方。锈病从病体颜色上可分为白锈病、褐锈病、黑锈病3种。其共同特点是首先在叶背发生小病斑，而后逐步扩大，并在病斑处产生疣状突起。白锈病、黑锈病绝大多数发生在叶背面，叶片正面发生率较少，而褐锈病疣状物易发生在叶面，叶片背面则少见。发病后很快布满全叶，严重时叶片变黄枯萎，全株死亡。

防治方法：

(1) 合理密植，保持良好通风，雨后及时排水，及时中耕，栽培场地及盆土不长时间过湿。

(2) 合理更换栽培场地，不连作。

(3) 发现病株及时拔除，集中深埋或烧毁。

(4) 有病史花圃，于发病前喷洒65%代森锌可湿性粉剂600～800倍液，或50%灭菌丹可湿性粉剂300～400倍液，每10天左右1次，连续3～4次，有预防发病的作用。

(5) 发病初期喷洒25%粉锈宁600～1000倍液，或80%代森锌可湿性粉剂800倍液，或20%萎锈灵乳油400倍液，或95%敌锈钠原粉200～250倍液，每7～10天1次，连续3～4次，有抑制病情发展的效果。

6. 有菊花白绢病发生怎样防治?

答：白绢病又称茎腐病，发病多在茎干基部，病部呈水渍状黄褐色，蔓延后叶部腐烂，白色绢丝状菌丝布满病部并产生白色、红褐色、橙黄色至深褐色菌核，有时菌丝及菌核蔓延至病株四周土壤表面。病菌在土壤或肥料中越冬，借土壤及风雨传播，在高温、高湿、通风不良、光照不足环境发病较重。

防治方法：

(1) 盆土必须经充分晾晒或高温消毒灭菌后应用。

(2) 发病初期浇灌50%苯莱特500倍液，有抑制病情作用。

(3) 严重病株拔除后集中烧毁。

(4) 带菌土壤用70%五氯硝基苯消毒。

7. 发现菊花叶斑病如何防治?

答：叶斑病又称斑点病、黑点病，为分布较广的菊花病害之一，主要发生在叶片上。初发病时叶片出现很小的褪绿或淡褐色小斑点，而后扩展成圆形、椭圆形或不规则形的病斑，并转化为褐色或深褐色、边缘紫褐色，病斑界限很明显，后期灰白色中央部位产生小黑点，干燥天气呈粉末状散落。病菌在残体中度过不良环境，借风雨传播。潮湿、通风不良易发病，下层叶片重于中上层，南方地区重于北方地区。

防治方法：参照褐斑病。

8. 发现有菌核性腐烂病如何防治?

答：菌核性腐烂病以前在南方发病较为常见，北方很少见，近几十年来南北品种大流通，导致北方也时有发生。北方在室外栽培不多见，室内栽培养护阶段发生率高。茎基部发病率高，中部及上部也有发生。初发病时病部出现水渍状退色，而后向上下发展形成不规则大病斑，潮湿时病斑处发生白色菌丝，有食用菌味，菌丝围满一周圈时，病部突起，叶片或花瓣出现枯萎下垂。干燥时，菌丝消失，病部变灰白色。病菌在病组织内或土壤中越冬，借风雨、人为机械损伤传播。3～4月、11～12月发生率高，盆土黏重，通风、排水不良，施肥不当易发病。

防治方法：

(1) 加强通风光照，合理密植，不用重茬土壤，所有土壤必须经充分暴晒或高温消毒灭菌。基肥及追肥以磷、钾肥为主，避免氮肥过量。

(2) 有病史花圃，于发病前用硫磺粉1份或草木灰1份、消石灰4份混合后，撒于枝叶及盆土表面有预防作用。

(3) 发现病体及时清除，勿使菌体散落于土面。病部涂抹硫磺粉可抑制病情的发展。

(4) 发病初期喷洒70%甲基托布津可湿性粉剂800～1000倍液，每7～10天1次，可抑制病情发展。

9. 发现叶枯线虫病怎样防治？

答：叶枯线虫病南方发生率较高，北方较少见。虫体很小，体长一般情况0.7～1.3毫米。叶片染病后，叶色变淡并出现褐色斑点，随发展逐步加深甚至呈黑色，随着病斑逐步扩大，受叶脉的限制而成为角斑状，严重时全叶片枯萎、卷缩、下垂。在芽及幼叶处发病时，芽的生长出现异常，萎缩后干枯，新叶出现褐色疤痕、畸形、变厚，并出现不规则隆起，随后枯萎。侵害花芽时，使花蕾不能形成，变成盲花或花瓣畸形。叶枯线虫在茎干基部及周围土壤中或病株残体上越冬，通过土壤、雨水、浇水、人为刮蹭携带接触传播，由组织气孔侵入植株体。

防治方法：

(1) 加强检疫不使病株入圃。

(2) 不应用重茬盆土，盆土及肥料必须充分暴晒或高温消毒灭菌。

(3) 保持栽培场地及周边无杂草，保持场地清洁卫生。

(4) 与翠菊、飞燕草、牡丹、大丽花、滨菊、金光菊、醉鱼草、毛茛、蟋蟀草、千里光、婆婆纳、繁缕草等寄主保持较大距离，并不用这些植物沤制绿肥或腐叶土，以及在附近取栽培土壤。

(5) 发现虫体可用10%铁灭克颗粒剂每平方米5～6克，25～30厘米口径花盆2～3克，或3%呋喃丹微粒剂3～5克埋入土中。或50%杀螟松、50%杀线酯或50%西维因可湿性粉剂1000倍液喷洒，均有杀灭的效果。

10. 发现小卷叶虫危害怎样防治？

答：小卷叶虫是赤蛱蝶、苎麻蛱蝶的幼虫，幼虫老熟时长32毫米，背部黑色，腹部黄绿色，体上有黄色枝刺7列。小卷叶虫1年发生2代，以成虫越冬。主要以幼虫危害枝先端嫩叶，常吐丝将嫩叶卷筒啃食，造成生长点被害，不能正常生长。

防治方法：

(1) 用捕虫网捕捉成虫，人工摘除虫叶及虫蛹。

(2) 喷洒40%氧化乐果乳油1200～1500倍液，或50%杀螟松乳油1500～1800倍液，或80%敌敌畏乳油1500～1800倍液，或2.5%溴氰菊酯乳油5000倍液，或20%杀灭菊酯乳油5000～6000倍液杀除。

11. 有蚜虫危害如何防治？

答：蚜虫又称腻虫、蜜虫，危害菊花嫩枝、嫩叶、花芽、花瓣等，使被害植株停止生长，嫩茎、嫩叶卷缩变形、叶片变小，不能正常开花。通常群集，在室内外均有危害。

防治方法：

(1) 保持栽培场地清洁无杂草杂物，消灭死角，不给蚜虫越冬创造条件。有大树、草地等应同时防治。

(2) 喷洒40%氧化乐果乳油1000～1500倍液，20%杀灭菊酯乳油5000～6000倍液，均有杀灭效果。

12. 有红蜘蛛危害如何防治？

答：红蜘蛛又称朱砂螨、叶螨等，种类很多，危害菊花的主要有朱砂螨、黄茶螨等。通风不良、高温干燥极易发生。特别是陈设期更易发生。

防治方法：

(1) 加强通风光照，保持空气流通，场地清洁卫生。

(2) 喷洒20%三氯杀螨醇乳油1000～1500倍液，15%哒螨酮乳油3000倍液，50%尼索朗乳油1500倍液，40%氧化乐果乳油1000～1500倍液，均有良好杀灭效果。

13. 有白粉虱危害如何防治？

答：白粉虱又称温室粉虱、小白蛾等，在温室内外全年有危害，群集于叶背，并在叶背产卵，刺吸汁液使被害叶片停止生长、卷曲变形，导致不能正常生长开花，严重时全株枯死。

防治方法：

(1) 保持场地及四周无杂草，整齐洁净。

(2) 加强检疫，勿使带有成虫或卵的植株入圃。

(3) 放养天敌丽蚜小蜂、粉虱黑蜂、斯氏寡节小蜂防治。

(4) 利用其对黄色的趋性，将黄色胶板或抹重机油的黄色板挂于温室或植株附近，再摇动植株，使其受惊而飞，以增加其黏杀效果。

(5) 喷洒20%扑虱灵可湿性粉剂1500倍液，或20%杀灭菊酯乳油2000～3000倍液，或氧化乐果乳油1000～1500倍液，每7～10天1次，连续3～4次，均有良好杀灭效果。

14. 有银纹夜蛾幼虫危害如何防治？

答：银纹夜蛾幼虫体长25～35毫米，黄绿色，具有2条白色背线。以蛹越冬，翌年5月成虫羽化，交尾后产卵于叶背面，成虫有趋光性。初孵幼虫群集啃食叶肉，3龄后分散蚕食叶片，有时危害花朵，造成残缺。

防治方法：

(1) 发现虫卵或初孵幼虫群集时，及时摘除叶片或将较大幼虫人工捕杀。

(2) 利用黑光灯捕杀成虫。

(3) 喷洒40%氧化乐果乳油1000～1500倍液，或50%西维因可湿性粉剂600～800倍液，或50%杀螟松乳油1000倍液，或20%杀灭菊酯乳油3000倍液，均有良好杀灭效果。

15. 有菊虎危害怎样防治？

答：菊虎又称菊天牛、小筒天牛，成虫体长6～11毫米，黑色、圆筒形，腹部橘红色，前胸背部中央有一红色卵圆形斑。幼虫体长约2毫米，乳白色或淡黄色。通常5～6月份出现成虫，成虫有假死性，白天在叶背交尾，产卵时在茎梢咬破皮层，在伤口里产卵2枚，不久伤口变黑，上部枯萎，幼虫向下蛀食。入冬成虫或蛹在土表下越冬。

防治方法：

(1) 入室前在盆土深1～2厘米处寻找成虫或蛹人工捕杀。生长期间发生嫩茎蔫垂，从伤口下剪下，剥开找出幼虫捕杀。

(2) 在伤口处用医用注射器注射或喷洒40%氧化乐果1000倍液，均有杀除效果。

16. 有盲蝽危害如何防治？

答：危害菊花的盲蝽常见有绿盲蝽、中黑盲蝽、苜蓿盲蝽等盲蝽类，白天躲藏于较隐蔽处，傍晚后集中于生长点尚未展开的嫩叶上刺吸取食，被害叶片出现黑斑孔网，植株先端停止生长，不能发生新叶，原有叶片扭曲、皱缩成球，故又称为“球病”。

防治方法：

(1) 清除杂草，保持栽培场地清洁。

(2) 喷洒40%氧化乐果乳油1500～2000倍液，或50%杀螟松乳油1200～1500倍液，或50%西维因可湿性粉剂500～800倍液，或20%杀灭菊酯乳油2000～3000倍液，均有杀除效果。

17. 有小地老虎危害怎样防治？

答：小地老虎又称土蚕、地蚕、呆干、呆蛇子，通常体长18～24毫米，赤褐色。初孵化的幼虫啃食嫩叶造成叶片穿孔或缺刻，3龄虫以后食量增大，白天潜伏于土表下，夜晚出来活动，尤其在天刚亮露水多时，常将幼苗由地表咬断，食去基部一部分后，将其拉入土下一部分，如同扦插苗。

防治方法：

(1) 清除四周杂草，保持栽培场地整洁。

(2) 栽培土必须经充分暴晒或高温消毒灭菌。

(3) 发现被啃咬苗时，扒开附近土壤人工捕杀。

(4) 在花盆附近堆草，使其躲藏入草下后，翻动草堆捕杀。

(5) 喷洒或泼浇40%氧化乐果乳油1000倍液，或50%辛硫磷乳油1500倍液，或50%马拉硫磷乳油1500倍液杀除。

18. 有蛴螬危害如何防治？

答：蛴螬为金龟子的幼虫，种类很多，为主要的地下害虫。蛴螬体型肥大，常呈环状弯曲，地面行走时常仰行，皮肤柔软较多皱，体白色或微带黄色，有疏毛，头大而圆，红褐或黄褐色。食性杂，主要危害根系及嫩芽。偶见成虫啃食花瓣。

防治方法：

(1) 栽培土壤应充分暴晒或高温消毒灭菌。栽培场地与沤肥、堆沤腐叶土场地要有一定距离。

(2) 金龟子有假死性，摇动植株落地后捕杀，或利用黑光灯捕杀或夜间挂灯诱杀。

(3) 发现苗停止生长或生长缓慢，将花盆移至水池或水盆内，灌满水，蛴螬会因土壤中缺少空气而爬出来，人工捕杀或脱盆捕杀。

(4) 蛴螬幼龄期常群集在茎基部土表处，将茎皮四周啃成环状缺损，可用3%呋喃丹微粒剂或粉剂撒粉，每亩用量2.5～3千克杀除。

(5) 浇灌50%辛硫磷乳油，或50%马拉硫磷乳油1000～1500倍液毒杀蛴螬，喷洒可杀灭金龟子。

19. 有蚯蚓危害如何防治？

答：蚯蚓又称曲蟮、地龙等，它对土壤肥力的影响，对农、林的作用很早已有肯定，不容置疑。但对盆栽花卉来说，在花盆土中来回钻洞，毁坏幼苗，啃断新根，在土表排粪堆丘，造成不应有损失或降低观赏价值，并常传带病菌，扩大侵染源，故应为有害动物。

防治方法：

(1) 发现土表有排粪小土丘时，可脱盆人工捕杀，或将盆置于水盆、水池，使水漫过土表，在土壤中缺少空气条件下，自会爬出盆外，捕杀。

(2) 栽培土壤必须经过充分暴晒或高温消毒灭虫灭菌。

(3) 浇灌50%辛硫磷乳油，或50%马拉硫磷乳油1500倍液，或撒施3%呋喃丹颗粒剂或10%铁灭克颗粒剂，每亩用量2.5～3千克，或50%西维因可湿性粉剂每亩3～3.5千克，应用70%甲基托布津500～600倍液泼浇效果也好。

20. 有蓟马危害如何防治？

答：危害菊花的蓟马有花蓟马、黄胸蓟马、黄带蓟马等。在嫩茎、新叶上危害时，常出现银灰色条斑，或叶基部出现银灰色，使植株长势减慢，落叶甚至停止生长。发生在花朵上时，受害部位出现横条或点状斑纹，严重时花朵变形、萎蔫枯干。

防治方法：

(1) 清除栽培场地内外杂草，保持清洁整齐。

(2) 喷洒2.5%鱼藤精乳油500～800倍液，或40%氧化乐果乳油1000～1500倍液，或20%杀灭菊酯乳油3000～4000倍液，均有良好杀灭效果。

21. 有棕黄毛虫危害如何防治？

答：棕黄毛虫为星白灯蛾的幼虫，为菊花的常见害虫之一。棕黄毛虫虫体土黄色，背有灰色或灰褐色纵带，密生棕黄色或黑褐色长毛。蛹茧棕黄色及混生幼虫体毛。初孵幼虫群集于叶背啃食叶肉，使叶片只剩叶面一层表皮，稍大后分散取食，将叶片蚕食成缺口或穿孔。

防治方法：

(1) 发现有卵块或群集幼虫时，连同叶片摘除捕杀，稍大幼虫可人工捕杀。

(2) 喷洒40%氧化乐果乳油1000～1500倍液，或50%杀螟松乳油1000倍液，或50%西维因可湿性粉剂600～800倍液，或20%杀灭菊酯乳油3000～3500倍液，均有杀灭效果。

22. 有钻蕾虫危害如何防治？

答：钻蕾虫为贪夜蛾的幼虫，也称甜菜夜蛾。北方被害情况重于南方，危害嫩叶、花蕾及花朵，造成叶片缺刻穿孔，花蕾花瓣断落等。幼虫体色多变，由白灰色至赤褐色，有浅色背线。蛹在土中越冬。成虫有趋光性，产卵于叶背或叶面，20～30粒成块，单层或2～3层重叠。幼虫有假死性，受惊即落地。

防治方法：

(1) 栽培土壤应经充分暴晒或高温消毒灭虫灭菌。

(2) 利用黑光灯捕杀成虫。

(3) 保持盆内清洁，不给幼虫化蛹机会。

(4) 喷洒40%氧化乐果乳油1200～1500倍液，或50%杀螟松乳油1000倍液，或2.5%溴氰菊酯乳油、20%杀灭菊酯乳油3000～5000倍液杀除。

23. 发现烟青虫钻蛀花蕾及啃食叶片如何防治？

答：烟青虫为烟叶蛾的幼虫，也称食蕾虫，啃食叶片及钻蛀花蕾危害菊花。老熟幼虫长30～35毫米，体色多变，为黄色至淡红色，从头到尾呈褐色、白色、深绿色等宽窄不一的条纹。以蛹在土壤中越冬。成虫有趋光性，卵散产于叶片。幼虫有假死性及转移危害的习性。

防治方法：同钻蕾虫。

24. 发现钻心虫危害如何防治？

答：钻心虫为亚洲玉米螟的幼虫，是世界性害虫之一，我国南北方均有发生，为蛀干害虫。老熟幼虫长20～30毫米，淡褐或淡红色，具明显的暗褐色背线。成虫夜晚活动，趋光性强。老熟幼虫在茎干中越冬。产卵成丝下垂，随风扩散，蛀入嫩茎危害，蛀孔处常堆积粪便，遇风嫩茎易折断。

防治方法：同钻蕾虫。

25. 发现大造桥虫危害菊花如何防治？

答：大造桥虫是茶霜尺蠖（灰翅尺蛾）的幼虫，主要危害叶片，将叶片啃咬成缺刻或穿孔。小幼虫体色由土灰黑色变为青白色，老熟幼虫长38～49毫米，黄绿色或青白色或灰黄色，老熟幼虫化蛹在土壤中越冬。幼虫白天多在叶柄部或茎干上潜伏，夜间觅食。

防治方法：

(1) 栽培土壤经充分暴晒或高温灭虫灭菌后应用。

(2) 中耕时寻觅入土蛹，人工捕杀。发现有被害叶片时，在附近寻找叶柄或茎干处有突出部位即为虫体，人工捕杀。

(3) 喷洒40%氧化乐果乳油1000～1500倍液，或20%杀灭菊酯乳油3000～4000倍液，或50%杀螟松乳油1200～1800倍液，或50%辛硫磷乳油1000倍液，或50%西维因可湿性粉剂600～800倍液，均有良好杀灭效果。

26. 发现棕毛虫危害如何防治？

答：棕毛虫为人纹污灯蛾的幼虫，又有红腹灯蛾、桑红腹灯蛾等名称。幼虫淡黄色，背线不明显，亚背线暗绿色，体上密生棕毛。成虫有趋光性，卵成块产于叶背，初孵幼虫群集于叶背，随生长变为分散，稍大的幼虫有假死性，惊动时落地。

防治方法：

(1) 栽培土壤需经充分暴晒或高温灭虫、灭菌。

(2) 利用其假死性摇动植株，落地后人工捕杀。

(3) 利用黑光灯捕杀成虫。

(4) 中耕寻觅蛹体杀除。

(5) 喷洒40%氧化乐果乳油1000～1500倍液，或90%晶体敌百虫1500倍液，或50%西维因可湿性粉剂600～800倍液，或20%杀灭菊酯乳油3000～5000倍液，或50%杀螟松乳油1000～1500倍液，或辛硫磷乳油1200～1500倍液，均有良好杀除效果。

27. 发现有浮尘子危害如何防治？

答：浮尘子又称二点浮尘子、叶跳虫、黄绿叶蝉、棉叶蝉等。成熟成虫多产卵于叶背中脉组织中，若虫、成虫白天都潜伏于叶背危害，夜晚转移至叶面活动。被害叶片退绿变黄，并逐渐变为红色，边缘增厚卷缩，生长减慢，严重时不能良好开花。

防治方法：

(1) 清除场地内外杂草，保持场地清洁。

(2) 利用黑光灯或灯光诱杀成虫。

(3) 喷洒40%氧化乐果乳油1000～1500倍液，或20%杀灭菊酯乳油4000～5000倍液，或50%杀螟松乳油1500倍液，均有杀灭效果。

28. 有短额负蝗危害如何防治？

答：短额负蝗又称小尖头蚂蚱、小尖头蚱蜢，以幼龄虫群集于叶背啃咬叶肉，仅留叶面单层表皮，随生长分散啃食叶片，造成穿孔或缺刻，严重时将叶片吃光，仅剩叶柄及枝干。卵在土壤中越冬。

防治方法：

(1) 发现危害人工捕杀。

(2) 栽培土壤应充分暴晒或高温消毒灭虫、灭菌。

(3) 喷洒50%杀螟松乳油1000倍液杀除。

29. 有潜叶蛾危害叶片怎样防治？

答：潜叶蛾又称地图虫、叶蛆等，蛹及幼虫在菊花或寄主叶片越冬，成虫产卵于叶背叶脉两侧，幼虫孵化后钻入叶片啃食叶肉，并形成不规则潜道。幼虫老熟时，钻到近叶缘处吐丝，将叶片卷起来包裹身体后化蛹。成虫有趋光性。

防治方法：

(1) 清除栽培场地内外杂草，减少发病源。

(2) 有病史花圃，花后将植株残体集中深埋或烧毁。

(3) 喷洒40%氧化乐果乳油1000倍液，50%杀螟松乳油1000倍液，或25%西维因可湿性粉剂400～500倍液，每7～10天1次，连续3～4次即能全部杀除。

30. 有麻雀危害如何防治？

答：麻雀危害菊花多在5月中旬至6月上旬，将菊花叶片由下至上啄断，严重时1片不留，绝大部分啄落后并不取走，极少数衔走，危害的目的尚不清楚。造成长势减慢、减弱，只能等待脚芽或腋芽发生再恢复生长。

防治方法：

(1) 人工呐喊驱赶，制作稻草人恐吓。

(2) 危害期间，向场地地面喷洒氧化乐果、敌敌畏或呋喃丹等有气味的农药，有驱赶作用。

八、应用及杂谈篇

1. 如何组办菊花展览？

答：秋菊种类、品种丰富多彩，最适宜举办专类花展，多在秋冬季举办。这类花展主要或全部花材均为菊花的展览，称为菊花专类花展。目前除全国每4年组织1次的展览外，各地的园林部门或群众组织——菊花协会，每年秋冬之际都组织展出。展出的类型几乎包括了各种菊花栽培类型以及大多数品种。

摆设时多分为主景布置区、品种栽培布置区、栽培分类布置区、小菊盆景观赏区、插花观赏区、新品种鉴定区，园林专业布置区、社会机关学校工矿布置区，扎菊参观区、吟菊画菊区，以及各个品种或造型参加比赛区等。其中主景区造型多种多样，主要体现展览主题，如：当时科技活动，地区景观，古今人物故事，神话故事等。品种展示区是展示品种特征的展区，也是栽培技艺表现的展区，大轮种尽其轮大，花形变化的尽其变化，宽瓣花尽其宽大，大管花管瓣尽其粗大，丝管花尽其细腻，总之需栽培出品种特有的形态。摆放应后高前低，花形花色间开。应用小菊或多头菊或天冬草、麦冬草等镶边，既是点缀，又起保护作用。

分景区最好围绕主景内容布置，每个分景总的规模不超过主景造型区，不喧宾夺主，但要细腻，不过于繁杂，各具特色。如有参赛内容应另当别论。分类展出包括大立菊、松菊、十样锦、塔菊、龙菊、悬崖菊等。大型展品应放在比较宽阔的场地，四周留有观赏空间。小菊类多作成片布景或组合立体或平面造型造景，可做成菊山菊树，也可做小型造型，如“双峰垂瀑”、“花果山水帘洞”、“百鸟朝凤”、“万象更新”等。小菊盆景、微型盆栽、盘菊插花等，多数造型精干、小巧玲珑，可同区分别布置，花架应高低参差，前后错落，自然活泼，切忌一排一行过于整齐。

2. 如何举办民间赏菊会？

答：我国人民自古对菊花颇为喜爱，艺菊者更是爱不释手，说起菊花如数家珍。可联合这些志同道合的菊花人将自己栽植培育的菊花带来陈设，评论菊花品质，交流栽培技艺，饮菊花酒、烹菊花肴，画菊、摄菊、写菊、咏菊、对菊、讲菊花故事。真是“费尽主人歌与酒，不叫闭却育花翁”。

3. 在大厅中如何陈设菊花？

答：宽阔的大厅、大堂，可按展览形式摆设大立菊、松菊、十样锦（十艳锦）、塔菊、龙菊、大悬崖菊，设置各种造型造景，也可布置小型菊花品种展。大厅可设两狮守门，二龙戏珠或松菊、十样锦等，前台摆设小菊盆景、插花或矮壮菊。

4. 菊花在绿地中怎样布置？

答：多选用小菊类型，可沿小路片植、带植、团植或3～5株丛植。

早花类可布置露地花坛，中晚花类可布置室内花坛。布置花坛的品种或花色不宜过多，过多则显得杂乱。花坛常分为单面观赏及多面观赏。单面观赏布置时，无论是半圆形、长方形或三角形，均应后面中心位置最高，向左右或前面逐渐变低，用不同品种或花色的菊花组成图案。多面观赏的花坛周围均有观赏通道，以中心为最高点向外辐射或环状栽植或摆设。花材可选用大菊或小菊，中心或最高一株或一盆以选用头数较多或花型较大的为好。

布置花带。花带多布置在道路两侧或隔离带上。无论露地栽植还是容器栽培摆设，均不应品种或花色过多，1～2个品种或花色，加一个镶边色足够了。可用多头大菊或小菊，一般情况多用小菊布置。

散点布置以丛为单位，点缀于草坪的边角，给草坪增添一些颜色。点缀时不宜过于整齐，株丛应有大有小、有高有低，株距有远有近，达成自然天成的效果。

在宣传栏前摆放，高度以不遮挡栏内内容为准。选用多头栽的小菊或大菊。

5. 怎样用菊花装饰会议室?

答：圆形会议桌选用多株组合的形式，陈设于桌的中心空档内，以红色小菊为最好，也可应用20～30头多头菊，要整齐完整。迎宾客时或接待室，可布置插花或小菊盆景。

6. 如何在家庭环境陈设菊花?

答：家庭条件场地有限，摆放菊花时选低矮的多头菊、三叉九顶菊、矮壮菊、小菊盆景或插花。除插花外，其它类型最好能白天放在室外光照充足地方养护，夜晚低温或风雪天气移至室内，可延长花期。另外摆放数量不宜过多，取“清雅何须大，花香不在多”之意。

7. 能否简单介绍一下菊花在我国的栽培、应用历史?

答：我国人民自古喜欢菊花，栽培菊花。在两千多年的漫长历史中，菊花出现了很多雅致的别名，其中有：鞠、秋菊、节花、秋花、九花、黄花、女华、付延年、阴成、周盈、紫茎、东离客、秋客、更生、女茎、金英、秋英、金蕊、寿客、黄华、冶蔷、日精、帝女花、真芳、九月菊、寒芳等多种名称。

早在战国时期的《周礼》中就有“鸿雁来宾……，鞠有黄华”的记载，这是我国最早的菊花开放时颜色和时令联系在一起的纪实，同时给菊花定了名称。《礼记·月令篇》也有“季秋之月……鞠有黄华”。在屈原的《楚辞》中写有“朝饮木兰之坠露兮，夕餐秋菊之落英”将秋菊和餐饮联系在一起。在《神农本草经》中有“菊花久服利血气，轻身耐老通年”这是与保健、治疗疾病相联系的记载。据西汉的《西京杂记》说“菊华舒时，并采茎叶杂黍米酿之。至来年九月九日始熟，就饮焉，故谓之菊华酒”，是菊花与酿酒相关的记录。由这些记载不难看出，野生菊花已为生活所用。

魏晋以后，菊除食用、泡茶、酿酒、制药以外，逐步走向观赏。东晋陶渊明在《饮酒》诗中写有“采菊东篱下，悠然见南山”的佳句，流传至今，歌咏不衰。菊花引入家庭作为观赏植物栽培，始于东晋，陶渊明的诗句给菊花由野生转为栽培奠定了长远基础。

到了唐朝菊花记载已经普遍，栽培技艺也有所提高，通过保留品种、杂交育种和用嫁接方法繁殖，在原来菊花只有黄色的基础上，选育出白色和紫色的品种，这些品种的出现，使菊花群落更进一步丰富起来，人们对观赏菊花有了新的认识。李商隐《菊》“暗暗淡淡紫，融融冶冶黄，陶令篱边色，罗含宅里香”，白居易《重阳席上赋白菊》“满园菊花郁金黄，中有孤丝色似霜”，可见当时紫色和白色种类已经出现并有栽培，世人爱菊也日益增多。

宋朝菊花发展速度加快，栽培技术明显提高，并开始大量选育新品种。菊花专著开始问世，目前存有最早的专类著作要数刘蒙泉于1104年写成的我国现存第一部《刘氏菊谱》，谱中记录了35个菊花品种。《范村菊谱》也记有25种，而后在1212年沈竟在《名菊篇》中记有90多个品种。此时单凭颜色和简单的花形记录区分品种已经困难，开始借其它花名命名，如冠以芙蓉、芍药等命名方法，留传至今。到1242年，史铸写的《百菊集谱》已经记载有163个品种。可见发展之快势如破竹，选育新种已经兴起。此时之赏菊会、菊花诗赋会也相继而出，从记载之墨菊、绿芙蓉等品种，说明深紫色之墨菊、淡绿色之绿菊已经出现，艺菊事业不断兴旺。

明朝时代的菊花发展更快，菊花专著大量出现，当时不少于20部，可惜大部分轶失，仅存不足半数。据1650年王象晋的《群芳谱》记载已经达267个品种，已经按花色分类，详细地按黄、白、紫、红、粉等分列品名。另外还有黄有曾的《艺菊》记载艺菊六目，颇有学术价值。

清朝时代的菊花已经进入极盛时期，栽培已经有很深的造诣，菊花专著达二十多部。由于皇宫喜爱各地竞献名葩奇品，优良品种迅速增加，街头巷尾卖花车、花担时时有见。在文学上也创造了大量优秀作品，1688年杭州西湖花隐翁陈淏子在《花镜》一书中记载了菊花分株、扦插、嫁接、杂交育种等繁殖方法，和浇水、施肥、摘心、疏蕾、整形、病虫害防治等栽培方法，并且对菊花在形态、特征、颜色上进行了品种分类。

晚清时期由于国家制度的改变，引进外国农业技术，开始了人工辅助授粉杂交育种，有目的地向预定型培育，菊花品种又有了新的突破，由原来的颜色又育出了颜色较深的墨菊、绿菊、泥金色、香妃色、檀香色和大量间色、双色品种，形态上由原来的单轮、荷花、莲座、芍药、叠球、勾环等型，又出现了宽带、飞舞、托桂、毛刺等型，花轮由原来的小菊、中菊，逐渐进入大菊阶段。蟠虬造型更加讲究，三叉九顶菊为当时时尚。品种命名由简单的颜色更深入借人、借物命名，如‘金孔雀’、‘赤金盘’、‘蜜西施’、‘太真黄’等命名方法大量出现。

据史料记载，中国菊花在唐朝时期经由朝鲜传入日本，明末清初传入欧洲，然后从欧洲传入美洲，从而中国菊花遍布全球。

新中国建国初期，据不完全统计有秋菊品种一千种之多，20世纪70年代初至80年代初约有两千个品种，此时除3～9朵菊外，案头菊已经出现。为展示品种特征的独本菊发展加快，艺菊者多采用这种方法显示栽培技艺，此时的独本大立菊、嫁接本大立菊相继增多，每株花头多达五千余朵。小菊扎景也走入大型化，松菊、塔菊、悬崖菊、嫁接十样锦、五九菊、夏菊、切花菊、小菊盆景已比比皆是，已经迈入菊花有史以来发展最快、质量最高、造型最广的时代。由于社会发展，生活层次、文化素质的不断提高及园林绿化的需要，菊花在盆栽的基础上返还自然，选育大批适合布置街道、公园、庭院、山坡、河岸、绿地的早花及勤花品类，其品种也在百种以上。与此同时还选育出大量适合切花的品种，供应市场。并重现菊花菜肴、菊花茶、菊花酒、菊花冷饮于餐厅中。

在菊花繁殖上，除传统播种、扦插、嫁接、分株外，还采用了埋条、现蕾扦插、单芽扦插等较新的方法和先进的组织培养方法。同时使用了全光照喷雾扦插技术，从而提高了成活率，加快了繁育速度，使生产幼苗逐步向工厂化迈进。菊花诱导突变上采用了现代科学的α．β．γ .x等射线照射诱导和磁电诱导等方法，使花型、花色得以分离，出现新的品种群和复壮群。

在栽培技术上也有大幅度提高，特别是大菊由传统的一剪定株、瓦筒高畦、地植盆管等方法，发展成翻头（翻芽）栽培，翻头方法由于根系丰满，花朵能充分表现特色而备受青睐。利用现代技术矮化栽培和无土栽培，以适应社会各种陈设条件需要。利用菊花营养组织可多年化栽培的特点，制作小菊盆景，有的连续栽培8年之久，仍生长良好。悬崖菊也逐渐加长，可达4.5米，嫁接苗可达8米。大型的单株造型、组合造型更为社会采用。利用菊花短日照的特性，人工控制光照可使菊花全年有花。

由于菊花的普及，研究和栽培菊花的人数不胜数，除专业技术人员外，大量的业余艺菊爱好者逐步涌现。1979年在汪菊渊先生的倡导下，由张树林、杨曼之、薛守纪、王凤祥、李瑞甫5人小组联络会员，经过近两年的筹备酝酿，1981年秋天，全国第一个菊花专业技术协会——北京菊花协会，在皇家园林北海公园宣告诞生。当时拥有会员130多人。不久全国各地菊花协会相继成立。1982年11月，中国园艺学会、花卉盆景协会首次在上海人民公园组织了全国第一届中国菊花品种展，展出近一千个品种，近10万盆，这是有史以来我国菊花的大汇展。同时举办了首届中国菊花品种分类学术讨论会，专家们各抒己见、求同存异，逐步确定秋菊中之大菊分为5类30个型。同时又酝酿建立中国菊花研究会，历经8年的酝酿和准备，于1990年8月在开封召开了成立大会，会上论文内容涉及面广，技术水平已进入现代化，对菊花的近代研究、繁育、栽培起到了推动作用。

这个时期菊花专著已经非常普及，书店、书屋举目皆见，著述之多是空前的，前所未有的。

1986年《大众花卉》杂志，开展评选我国十大名花活动，菊花荣登榜首，名列前茅。在今后的发展中，菊花在城市绿色生态建设中将会发挥更大的作用。

8. 如何给菊花品种命名？

答：菊花品种命名根据花的色彩、花型、特点等，起一个最能表现其特质的名称，如可借自然景观的‘幽谷残霞’、‘平湖秋色’、‘秋湖观澜’、‘旭日东升’、‘惊涛拍岸’。

借四季气候命名如‘春满乾坤’、‘白露秋风’、‘春花怒放’、‘杏林春晓’等。

借山水命名如‘山高水长’、‘千尺飞流’、‘绿水流波’、‘黄河怒涛’等。

借日月风云命名的如‘金乌流霞’、‘金钩挂月’、‘清风月白’、‘紫云’、‘冬云’、‘紫雾凝霜’、‘风雪飘环’、‘长风万里’、‘月明星稀’等。

借树木花卉命名的如‘桃林柳絮’、‘紫玉松针’、‘白梨香菊’、‘绿柳垂荫’、‘紫芍药’、‘绿牡丹’、‘清水荷花’等。

借动物飞禽命名的如‘金鸡唱晓’、‘金丝舞蛇’、‘金龙献爪’、‘五彩凤’、‘凤毛麟角’、‘平沙落雁’、‘野马分鬃’、‘虎啸’、‘醒狮图’、‘鼠鬚’等。

借金银命名的如‘金光四射’、‘火中炼金’、‘金线盘莲’、‘金凤飘翎’、‘泥金豹’、‘泥金勾环’等。

借诗词命名的如‘大浪淘沙’、‘踏雪寻梅’、‘阳春白雪’、‘一点梅’、‘清华池’、‘人面桃花’等。

借古今人物命名的如‘傅粉何郎’、‘南朝粉黛’、‘李魁醉酒’、‘米颠送奇’、‘武曌’、‘飞燕歌衬’、‘湘云舞蝶’、‘铁面无私’、‘杨妃舞环’等，更含蓄的有“汉宫春”、“巾帼须眉”、‘二乔争艳’、‘渔娘蓑衣’、‘童鬚交融’等。

以神话传说命名的如‘麻姑献寿’、‘嫦娥奔月’、‘仙露蟠桃’、‘天女散花’、‘碧波仙子’、‘织女穿梭’、‘千手观音’等。

文的有‘琴韵书声’、‘晚节吟香’、‘淡香疏影’、‘朱笔点元’、‘万管笙歌’、‘珠光墨影’等。

武的有‘金戈铁马’、‘关东大侠’、‘公孙舞剑’等不胜枚举。

下面介绍几个品种的特点：

‘醉卧湘云’：偏高植株，叶片较规整，近正叶而稍长，叶柄略长。茎常现紫晕，节间略长。花紫粉色，中期花外瓣平伸后下垂，内瓣卷曲内抱，微起楼。有如揎拳拂袖舞长带，笑靥海棠睡花丛。栽培较易，施肥多叶片易反扣。易罹染叶斑病，应注意防治。

‘醉卧湘云’最形象的时期是花朵开放中期，外瓣下垂似醉酒衣裙散垂于石板之上，内瓣内抱正是逸笑酒含，显示着心胸开朗，不拘贵门礼仪，随随便便的开朗性格。此花因此而得名也是难能可贵。

‘杏林春晓’：中高株型，枝干细弱，叶小。管盘花型，深粉色，外瓣长，内瓣略短，偶见先端有小勾环。栽培容易，需稍多施基肥，耐水湿性不强，通风不良易罹染病害。花期适中，中前期至中后期表现最美，后期花瓣下垂，设支架仍有观赏价值。

‘铁面无私’：中株型偏矮，枝干较挺拔，叶片规整而大，有光泽，叶脉明显。花墨紫色，在墨菊中颜色较重，当称为冠，荷花型，中前期露心，江南品种，1981年引入北京。

‘米颠送奇’：中高株型，茎节稍长，长叶整齐。中期花，飞舞花型，管状花米黄色，花瓣波曲外伸，如飞龙走蛇，柔中有刚，稳中藏动，若米芾之笔，颠狂如腾龙闹海，又动中求静，如钟之稳定，而得此佳名。栽培较易，喜肥，喜通风光照良好。

‘麻姑献寿’：中矮株型，茎粗柄壮，叶大而厚，叶柄短。毛刺花型，球形花，花瓣有毛刺，粉色，花姿端正而不失活泼，花色娇艳而不失妍丽。‘麻姑献寿’作为菊花品种命名除花姿花色外，花期较长也是特点。长势健壮，栽培容易，喜肥，抗湿性较强，抗风性也强。中、后花期均有观赏价值。‘麻姑献寿’花型端庄似重台莲花，花色由深变浅，又有五色芙蓉之称，又因粉色花瓣有毛刺，而称大粉毛菊。

‘洛神’：植株偏高，茎节较长，叶柄细长，叶片属舒展的长叶，偶有反转，托叶小。飞舞花型，光照强，紫粉色，光照弱，嫩粉色。大型花，花前中期外瓣长而挺括，中后期下垂，内瓣向内抱曲，花瓣层次不多，花姿活泼。外瓣如彩云轻飘，仙娥飞天舞袖；内瓣如仙姬添花，颜色轻柔。栽培稍易，喜肥，雨季及时排水。矮化栽培时，花的姿容不易表现，应适当放高，花姿花貌才能表现出最美的姿态。

‘大风歌’属卷散花型，因形似大风卷浪，色似轻沙飞扬而得名。浅沙黄色，中期变为浅黄色，大平瓣卷曲，极有风度，像绸丝带飘舞，轻歌拂长袖，花瓣不多而嫩风欲动，色泽殊而淡雅，可称姿色较高的品种。葵叶整齐，长叶柄，时有反转，株型适中。栽培注意排水，积水则败根死苗。‘大风歌’为1998年天坛公园培育的新品种，薛守纪先生命名。

‘人面桃花’：花色嫩粉，叠球花型，端庄艳丽像出水芙蓉，艳而不妖，庄而不俗，以淡雅含娇的姿态开放。叶形端正，叶柄健壮。中型植株。花大，花期较早，因花色似桃而得名。栽培较易，脚芽发生较少，并应及时采芽繁殖，翻头后留中等苗，翻头过早过于健壮，易出现柳叶头。

‘下里巴人’：花为嫩粉色，光照不足时变为白色。莲座花型，外轮小匙直伸，内轮内抱成半球，花姿喧闹而不失端庄文雅大方，有轻歌曼舞的姿态，花容月貌、袅娜多姿的形态而得名，正叶尖而舒展。中矮株型，作独本菊、多头菊、三叉九顶菊、矮壮菊或商品菊均为良好花材。栽培容易，抗病性强。此种1979年选育于三友小圃，育者茅扉散人自行定名。1982年正式展出。后来选作菜蔬品种。

下面是描述菊花品种名称的诗，以供欣赏：

‘紫凤朝阳’

紫袍纱袖一淑人，凤冠遍插陶令魂，
朝向南山东篱下，阳辉满庭栽瓦盆。

‘二乔争艳’

二色红黄霜下辉，乔翁两秀藏深闺，
争春不允添秋色，浓妆淡抹重九回。

‘朱砂红霜’

朱凤环钗插鬓鬟，砂锦黄裳无不跹，
朱唇袖掩羞带笑，霜冷催枫献娇妍。

‘西厢待月’

西风秋暮满园栽，厢外冷露蝶难来，
待年枝头豆蔻日，月下倩影袅袅来。

‘高原之云’

高山重雾白云间，原是瑶池玉婵娟，
之乎者也难描尽，云鹤晴空南向还。

‘白鹅戏水’

白毛绿水拨轻浪，鹅项昂举唱秋歌，
戏嬉曲溪无忧虑，水浮杭棉斜过河。

‘冰心再抱’

冰清玉洁依寒楼，心身娇娇从未休，
再剪颢罗裁舞带，抱蕊银莲待季秋。

‘金乌流霞’

金红衣裙一小鬟，乌发如黛细如烟，
流光已过又重九，霞裳霓帔入华年。

‘云霞霓裳’

云薄残阳血似红，霞出山雾秋已浓，
霓帘闺外空坪处，裳裙慢摇莲履轻。

‘折缨强楚’

折枝只因昨夜风，缨帘未卷摇重重，
强加群戍断璎珞，楚军宏智慰英雄。

‘醉卧湘云’

醉酒不该是红妆，卧平石机芍药藏，
湘娥湖畔垂环珮，云鬓横错乱新裳。

‘太白醉酒’

太令正音抚琴弦，白绫长袖缓折边，
醉后仍有三部曲，酒摇冠动词十篇。

‘电掣惊蛇’

电闪雷鸣风入楼，掣曳泻流几时休，
惊飞寻鱼水上燕，蛇横残枝嬉白鸥。

‘珠落玉盘’

珠线穿贯白玉帘，落露秋风吹未干，
玉洁冰清重重动，盘中瑶米浣突泉。

‘紫罗银星’

紫玉为帘画楹垂，罗衫彩袖镜前妆，
银珠未动芳先觉，星眸含情瞥秋光。

‘久米姿’

秋菊‘绿柳垂荫’

多头菊

‘金鹅飞天’

‘红裙女’

太平洋亚菊杂交种‘灯火通明’

‘玛瑙珠光’

花色突变的菊花

案头菊

并蒂菊‘惊艳’

‘赤线金珠’

‘礼花纷纷’

满天星栽培

黄斑叶枝变种

太平洋亚菊微型盆栽

太平洋亚菊杂交种‘友谊双辉’

嫁接菊

小悬崖菊

松菊

菊艺造型

菊花盆景

菊花盆景

菊花插花

野甘菊杂交种‘金秋小景

大立菊

塔菊

‘小斗艳’

菊花地被

5朵栽培

多头栽培

太平洋亚菊杂交种‘太平堆金’

‘白星满天’

独本菊